做自己的心理医生

从 掌 控 情 绪 到 掌 控 人 生

[哥伦] 玛格丽塔·帕索斯 (Margarita Pasos)——著　　叶譞——译

YO PUDE, ¡TÚ PUEDES!

Cómo tomar el control de tu bienestar emocional y
convertirte en una persona imparable

中国宇航出版社
· 北京 ·

Yo Pude, ¡Tú Puedes!: Cómo tomar el control de tu bienestar emocional y convertirte en una persona imparable

By Margarita Pasos

著作权合同登记号：图字01-2024-5639号

图书在版编目（CIP）数据

做自己的心理医生 ： 从掌控情绪到掌控人生 / (哥伦) 玛格丽塔·帕索斯 (Margarita Pasos) 著 ; 叶譞译. -- 北京 : 中国宇航出版社, 2025. 1. -- ISBN 978-7-5159-2458-8

Ⅰ. B842.6-49

中国国家版本馆CIP数据核字第20241B1F32号

策划编辑　张文丽　　**封面设计**　毛　木

责任编辑　卢　珊　　**责任校对**　吴媛媛

出版发行	**中国宇航出版社**		
社　址	北京市阜成路 8 号 （010）68768548	**邮　编**	100830
网　址	www.caphbook.com		
经　销	新华书店		
发行部	(010) 68767386 (010) 68767382		(010) 68371900 (010) 88100613（传真）
零售店	读者服务部 (010) 68371105		
承　印	北京中科印刷有限公司		
版　次	2025 年 1 月第 1 版		2025 年 1 月第 1 次印刷
规　格	880 × 1230	**开　本**	1 / 32
印　张	7.5	**字　数**	155 千字
书　号	ISBN 978-7-5159-2458-8		
定　价	59.80 元		

本书如有印装质量问题，可与发行部联系调换

玛格丽塔·帕索斯及其著作
《做自己的心理医生：从掌控情绪到掌控人生》
广受赞誉

你手中的这本书将改变你的人生，为你打开情绪健康的秘密之门。请尽情享受阅读的过程，合上书页的那一刻，记得立刻行动起来，让所学的知识成为现实的力量。

博恩·崔西

《纽约时报》畅销书作家，著有五十余部畅销作品

玛格丽塔·帕索斯的这部杰作让我们眼前一亮。她敞开心扉，回顾了曾经不完美、不幸福的自己，也记录了如何一步步成为如今美好样子的过程。我衷心希望这本书能触动无数人的心灵，正如它深深打动了我一样。

塞萨尔·洛萨诺博士

畅销书《醒醒！生活还要继续》《与难相处的人好好相处》作者

国际知名演说家，电台、电视节目主持人

与玛格丽塔共事改变了我的人生，让我深刻认识到培养情商的重要性。感谢缘分让我遇到了她。我坚信这本书会像她的课程

一样，影响成千上万人的生活。

蕾赛尔·迪亚兹

企业家、记者，三届艾美奖得主

玛格丽塔为我们赋能，将情商的力量融入日常生活中。她是一个真正的励志者，引导我们专注于解决方案，而不仅停留在问题本身。

何塞·路易斯·费尔南德斯

联想集团全球渠道副总裁

毫无疑问，玛格丽塔·帕索斯的这部作品将触动百万读者的心灵，影响整个大陆。

卡米洛·克鲁斯博士

畅销书《谁杀了我的牛》作者

这本书是一份大礼，值得每个人反复品读和学习。

皮拉尔·索尔多

心理学家、作家、演讲者

这本书循序渐进地引导我们学会管理情绪，用切实有效的方法掌控我们的思维。

费尔南多·安祖雷斯

艾克斯玛广告咨询公司首席执行官

玛格丽塔·帕索斯是一位时代的斗士，激励和鼓舞我们前行。这是我的亲身经历！

曼努埃尔·亚历杭德罗·鲁伊斯

精选娱乐首席执行官

公告牌拉丁音乐奖得主，多张白金唱片音乐制作人

关于作者

玛格丽塔·帕索斯是一位具有 27 年从业经验的杰出演讲家，一位影响深远的导师，被《人物》杂志（西班牙语版）评选为 25 位最具影响力的女性之一，在墨西哥被誉为称为拉丁美洲最重要的人生教练。

目前，她在 67 个国家指导了超过 120000 名学员。在丈夫亚历杭德罗·帕索斯的支持下，她于 2001 年战胜了恐慌症和抑郁症。在美国知名导师的指导下，她成功地重塑了思维，取得了成功。

玛格丽塔曾在 TED① 演讲中发表过《改变你的思维，改变你的人生》等广受欢迎的演讲，TED 是西班牙语演讲中收视率最高的节目之一。此外，她每天通过社交媒体向 450 多万粉丝提供关于心态、创收和创新方面的内容，帮助他们更快地实现目标。

她曾为《财富》500 强企业提供销售、领导力和生产力方面的指导，帮助企业家在扩展业务时培养积极的心态。她与丈夫共

---

① TED 演讲是一种全球知名的会议形式，由非营利组织 TED 主办，通过邀请各界精英进行精炼演讲，分享创新、科技、文化、艺术等领域的见解和想法，启发思考，促进知识和创意的全球交流。——译者注

同发起了“我做到了，你也可以！”运动，提供应对沮丧和焦虑的方法。

她的新书《巨人的脚步》与全球畅销书《时间管理》的作者博恩·崔西合著，是一本关于生活和商业成功的指南。

玛格丽塔曾出席世界级的营销、创业、商业和销售活动，与托尼·罗宾斯、约翰·麦克斯韦尔、莱斯·布朗、博恩·崔西和加里·维等世界顶尖演讲者同台演讲。

她的成就得到了美国西班牙语广播公司①、美国有线电视新闻网（CNN）和西班牙语世界电视网②等媒体的认可。玛格丽塔也在这些媒体上传播她的使命：让全世界说西班牙语的人们在情感和物质上都过上充实丰富的生活。

这位自豪的哥伦比亚女人曾在尼加拉瓜生活，现居美国。50岁的玛格丽塔活力四射，激励人们更好地度过每一天。

玛格丽塔在个人发展方面的影响力毋庸置疑，通过授课、大师班、现场活动和研讨会，她对众多学生、高管、名人、创业者和大企业家产生了深远影响。

---

① 美国西班牙语广播公司 (Univisión)，美国收视率最高的西班牙语电视网络。——译者注

② 西班牙语世界电视网 (Telemundo)，美国第二大西班牙语频道。——译者注

自 序

生活在这个瞬息万变、压力巨大的世界，我们常常觉得自己是环境的受害者。

我曾经也有同感。但现在，我的人生焕然一新。我从自己的经历中领悟到，改变人生视角是可能的，因为我们的感受和行为，并非由外部世界决定，而是源于我们的内心。当我们主宰了自己的内心世界，就能体会到前所未有的平静和喜悦。

为了达到这一认识，改变我的人生，我经历了一段非常艰难的时期，饱经疑病症、幽闭恐惧症、抑郁症和恐慌症的困扰。如今，我已重获新生，变得平静、快乐，满怀感激。在最黑暗的那段时期，这似乎是遥不可及的。我学会了从情绪的受害者变成情绪的创造者和管理者。既然我能够改变并掌控自己的情绪，你也一定可以！

所以，

——如果你感到压力重重或焦虑不安……

——如果你想减轻负担或控制怒火……

——如果你被难以置信的经历困扰，至今影响着你的情绪状态和人际关系……

——如果你失去了动力……

——如果你想要提高情商……

——如果你需要改善与亲人的关系，更好地沟通……

——如果你想提高自尊、自信……

——如果你难以原谅别人或原谅自己……

——如果你渴望变得更快乐，情绪更健康……

这本书无疑就是为你而写！

我向你推荐《做自己的心理医生：从掌控情绪到掌控人生》——这是一本打造美好生活的指南。我将这些具有神奇力量的技巧以简单的方式呈现给你。它们改变了我的生活，也影响了成千上万我有幸帮助过的人。

我只希望你能敞开心扉，一步一个脚印，慢慢来，不要停，每天跟随本书的引导，按照你的所学来行动，完成我在每章布置的练习。不要盲目评价自己，不求完美，但求进步。

《做自己的心理医生：从掌控情绪到掌控人生》不能取代专业医生的建议，也不能诊断或治疗任何生理或心理疾病。本书阐述的概念更像是一份指南、一张地图，帮助大家从痛苦走向渴望已久的平静和幸福。希望通过阅读本书，大家也能像我一样找到解决问题的答案，过上更美好的生活。

控制情绪是幸福生活的基石。在本书最后，我将教大家如何重塑心灵，获得势不可挡的力量。

当我写下这些句子时，仿佛与你同在。我在这里用所有的爱和信念写下的每一句话，希望能帮助你实现阅读本书的初衷。

当你走完这段旅程，我希望你能够自信地说：“一切尽在掌握，一切顺利，我热爱我的生活，我喜欢我自己。我做到了，你也可以！”

爱你的

玛格丽塔

序 言

反复告诉自己“我喜欢我自己，我喜欢我自己”是我学到的最宝贵的一课，我也教会了我的孩子们这样做。因为当你喜欢自己并相信自己的潜力时，就能实现你的目标。

我的朋友玛格丽塔·帕索斯将这一信念内化于心，成功克服了恐慌症、重度抑郁症、幽闭恐惧症和疑病症。曾经的她讨厌自己，甚至视自己为最大的敌人。

在这本书中，玛格丽塔向你分享了她的转变，如何从身心不健康的状态走出来，成为自己最好的朋友。

通过在线课程、TED 演讲、社交媒体和现场讲座等方式，玛格丽塔教会了数百万人如何提升情商、自我调节情绪。

《做自己的心理医生：从掌控情绪到掌控人生》用通俗易懂的语言，为你开辟了一条学习复杂心理学原理的捷径，这也是本书的一大亮点。玛格丽塔将手把手引导你，用简单实用的方法应用心理学概念，感受平静和幸福，这也是每个人都渴望和应得的。

我坚信，我们应该向那些真正践行过自己理念的人学习。玛格丽塔帮助了无数人，也一定能帮助你。像她这样，一个曾经焦虑不安，饱受抑郁症和恐惧症折磨的人，如今能够周游世界、独自旅行，能够在大庭广众之下自信演讲，拥有充实的生活，你一定也可以做到。

你手中的是一本能改变人生、掌握情绪健康的书。好好享受这本书吧，不要犹豫，将你的所学应用于生活。

坚韧不拔和不断成长是美好生活的秘诀，玛格丽塔就是最好的证明。

她将我视为最重要的导师，我感到无比荣幸。

博恩·崔西

《纽约时报》畅销书作家

美国畅销书作家协会终身成就奖得主

目　录

第3章

做自己最好的朋友

第4章

大脑：意义制造机

第5章

改善神经系统，寻找内心的宁静

第6章

战胜自动产生的负面想法

第7章

情绪脑与理智脑的较量：谁主沉浮？

第8章

建立健康的人际关系

第9章

专注于可控之事

第10章

原谅他人，原谅自己

第11章

找到你的目标

第12章

“情绪稳定”三角形

第13章

转变思想，改变人生

第 1 章

我的故事：环境的受害者

“世事本无好坏，皆因思想使然。”

——威廉·莎士比亚

关禁闭：幽闭恐惧症的起源

那是 1976 年，我只有四岁，住在哥伦比亚麦德林郊区我祖父的庄园里。大庄园风景如画，有湖泊、小溪、游泳池和满园的果树。对孩子们来说，这里几乎是天堂，但我却感到非常孤独。我的学校在麦德林，从庄园开车过去大约要四十五分钟。每天中午过后，司机会开车送我回家。到家后，我就直奔小浴室，因为我知道，负责照顾我的保姆会把我锁在里面很久。

我在小浴室里一待就是几个小时，没有食物，没有水，也没有人陪我玩。我的姐姐玛塞拉一般下午三点左右放学回家。在她到家前几分钟，保姆才会放我出来，以免被姐姐发现。

我从未向任何人透露这段日子里每天遭受的痛苦，因为保姆威胁我说，如果我说出去，她就杀了我妈妈。日复一日，这样的日子不知持续了多久，最终导致我罹患幽闭恐惧症，对封闭空间产生了极度的恐惧。

从那时起，我就开始害怕狭小、封闭的空间。这段痛苦的童年回忆，以及我稍后谈到的青春期经历，让我产生了一系列恐惧，这些恐惧逐渐加剧，让我寸步难行。

影响我一生的时光

我的洗礼名是玛格丽塔·玛丽亚·维亚纳·萨拉查，在哥伦比亚的麦德林市出生和长大。麦德林是世界上最美的地方之一，但不幸的是，在我青少年时期，这里却是卡利和麦德林两大贩毒集团斗争的战场。那个年代，生活在那里的人都知道，每周都有可能听说某个亲戚或熟人遇害，或者因为住处附近炸弹爆炸而心惊胆战。

八岁那年，我们离开了祖父的庄园来到麦德林市生活。我至今还记得第一次听到爆炸声的那个夜晚，发生在离我家大约十分钟路程的摩纳哥大厦，那是麦德林贩毒集团头目巴勃罗·埃斯科巴的财产。我们吓坏了，一直在等广播告诉我们到底发生了什么。巨大的声响惊醒了全家人，爆炸震碎了家里的好几扇窗户，但我

> 我之前没法一个人坐电梯，想到要被独自封闭起来，我就感到恐慌。在这本书里，我会告诉大家如何克服这些心理障碍，享受没有恐惧症困扰的生活。

们完全不知道是什么发出了如此恐怖的声音。渐渐地，我们学会了辨认这种声音，每当巨响传来，我们就知道，“啊，又是一颗炸弹！”

我知道，我的故事和许多人在那个年代的经历一样，都充满了恐惧。很多书籍、电影、电视剧都在讲述这些故事，所以我不再赘述那些吓人的细节。我想说的是，那时暴力成为我们生活中的日常，绑架、枪战都很常见。我记得有一天，早上六点我出门去大学上课，天还没亮，当时我竟然冒出一个念头：不知道今天我还能不能活着回家。

我的青春期在恐惧中度过，但我也被家人、朋友和许多爱我的人包围。大学毕业后，我决定去美国留学，从某种程度上说，这样做也是为了逃离当时麦德林混乱、恐惧的生活和对未来的不确定感。

在迈阿密，我遇到了我的丈夫亚历杭德罗·帕索斯，一个英俊、风趣的尼加拉瓜人，我对他一见钟情。结婚几年后，我成为一名成功的媒体人，在美国各地为公司提供商业培训。

> 在继续往下写之前，有必要澄清一下，我的家乡和同胞如今仍是坚韧和善良的典范。麦德林不仅从战争中崛起，还被公认为世界上最具创新精神的城市之一。2013 年 3 月 1 日，花旗集团、城市研究所和《华尔街日报》共同为其颁奖认证。
>
> 希望你有机会来到麦德林，一睹她的风采。

1997年，我们有了漂亮的大女儿索菲娅。等她稍微长大一点，大约一岁半的时候，我又开始为工作忙碌。

长期的压力让我经常偏头痛、疲倦和头晕，还患有许多医生也无法解释的症状。有些医生甚至暗示，这些毛病都是我自己想象出来的，但大多数医生都认为压力是罪魁祸首。

第一次恐慌发作：我无法呼吸

一天，我出差途中在机场转机，突然间感到焦虑和头晕，我的皮肤开始发热、刺痛，心砰砰直跳。我喘不上气，每一次呼吸都比上一次困难。我感到迷失了方向，身体似乎都不是自己的了。这种感觉很难解释。当时我感到的不只是害怕，还有恐惧、惊慌，我大哭不已。

我还以为自己心脏病发作，或者是患上了很严重的疾病，我觉得自己要死了。幸运的是，有几位好心人帮助我，把我带到航空公司服务台，我终于搭上了回家的航班。

一到家，我就四处求医：心脏病专家、神经科医生、耳鼻喉科医生、肠胃科医生……但都没有结果。每位医生都说："你什么病都没有，一切正常，只是压力太大了。"每位医生都这么说，让我更加焦虑不已。我知道我的身体出了问题，但没人能找出原因。我感觉自己快要死了。

恐惧时刻伴随着我，折磨着我。我夜不能寐，每天晚上都觉得长夜漫漫，要有可怕的事发生。最糟糕的是，随着时间的推移，我开始感受到周围人对我的失望，就好像我这些焦虑症状是在夸大其词，胡编乱造。有些朋友说，"别胡闹了，你什么病都没有"，或者安慰我“根本没有任何问题”。这些话和这些“安慰”，只会让我更加焦虑。感谢我的父母一直支持我，还有我的丈夫亚历杭德罗，是他用无尽的爱和耐心陪伴我四处求医，并安慰我一切都会好起来。

我继续寻找答案，去看不同科室的医生，期待下一个医生能诊断出我的病情。我做了无数次检查，但所有指标都在正常范围内。最后，一位心脏病专家告诉我，我可能患有焦虑症，建议我去看心理医生。

> 在这种挫败情绪之中，我的恐惧症日渐严重，与重度抑郁并发。我不想起床，也不想吃饭，连吞咽食物都觉得困难。三十天内我瘦了七公斤。

我确实去看了心理医生，不止一位，而是好几位。我还咨询了精神科医生和心理治疗师，但他们都只是暂时缓解了我的症状，让我有所喘息。但随后卷土重来的焦虑、担忧和恐惧，让我觉得自己快要崩溃了。难以置信，这样的事只发生在我身上。那三个月是我生命中最漫长的煎熬。

我的丈夫亚历杭德罗是一个喜欢读书的人。一天，他拉过一把椅子，坐在我床边。当时我躺在床上，失去了所有的动力。他轻声对我说：“让我来给你读点东西听听。”我无心聆听，但他坚持要这样做。他开始朗读一本书，书中的主题意外地吸引了我，使我的生命发生了奇妙的变化。

我分享这一切，只是为了向你展示我是如何从情绪的受害者转变为情绪的主人，我如何学会管理情绪，不再害怕情绪，并意识到自己比想象中更坚强。我深知内心深处蕴藏着巨大的力量，能够彻底改变我的健康、情绪和人际关系。在接下来的章节中，我想与大家分享这些内容，因为我知道你也可以做到，你也将会做到。

二十年后的今天，我有幸写下这本书。那些被恐慌症、抑郁症和幽闭恐惧症困扰的日子已经远去。后来我曾两次被困在电梯里，却能够安抚他人。我也摆脱了疑病症的困扰，不再像过去那样，总担心自己患有致命的疾病。

第 2 章

掌控生活，重塑情绪

“心灵自有所归属，天堂、地狱只在一念之间。”

——约翰·弥尔顿

“悲惨电台”——问题的根源

我的丈夫曾问我一个简单又深刻的问题，出自他读给我的那本书：“你最常与谁交谈？”我的答案显而易见：“当然是和你。”亚历杭德罗不仅是我的伴侣，也是我的工作伙伴，我们一直共同面对生活的挑战。他也是我最好的朋友，直到今天，我们每天大部分时间都在一起度过。然而，那本书揭示了一个更明显、更简单的答案，我之前却未曾察觉：我最常交谈的人其实是我自己。这本书的作者是沙德·黑姆施泰特，书名是《面对自己：你会说些什么》。

此时我豁然开朗，突然意识到自己的内心对话是多么的恐怖。从起床开始，我脑海中的“收音机”就一直播放着“悲惨电台”的节目，大脑总是倾向于消极地看待一切。我总是杞人忧天，担心会有不好的事发生在我或我爱的人身上。我不相信好事会发生，即使有好事，也肯定不会长久。我甚至有意无意地期待不幸的事件发生，来证明自己的悲观是正确的。

竟然没有人告诉我，我一直在跟自己对话，而且这种对话很大程度上决定了我的感受！没错，这种内心对话确实存在，这可能是改变我生活的最重要的发现。

> 之前，从起床开始，我的脑海中就一直播放我现在称之为“悲惨电台”的节目。我的脑海中总是倾向于消极地看待一切，总是认为会有不好的事情发生在我或我爱的人身上。

从那一刻起，我开始觉醒。我的内心对话之前大多是消极的，显然，这是我所有恐惧和焦虑的根源。我一直都在心里抱怨，自我批评，总是设想最坏的情况。换句话说，我最大的敌人就在我心里——就是我自己。当我意识到这一点，我就完全明白了，解决问题的方法不在外部世界。我必须开始清理头脑中的垃圾，消除日复一日充斥在我脑海中的破坏性想法。是时候打起精神，收听其他“频道”的节目了：“幸福电台”“我能行电台”“感恩电台”。

在这本书中，我将与大家分享一些简单有效的技巧，帮大家掌控自己的情绪和思想。有些技巧是我在“危机”初期学到的，有些则是我通过研究心智和情绪，并在多国演讲，与成千上万人分享经验之后发现的。

摆脱焦虑和悲伤的三种技巧

1.橡皮筋大法

我焦虑的主要原因是错误的自我对话。从认识到这一点起，我的生活就开始改变。尽管我在接受治疗，仍然感到焦虑，但我看到了希望的曙光。我丈夫建议我在手腕上套一个橡皮筋，他说："每当你有消极的想法时，就弹一下橡皮筋，虽然会疼，但可以提醒你把消极的想法转变为积极的想法。一开始可能很难，不要紧，只要坚持下去，每次都这样做，情况就会好起来。"

我得承认，起初我有点害怕，因为我的想法几乎都是消极的。那还不把我的手腕弹破皮啊？！但我的情况实在太糟糕了，死马当活马医，我还是决定试试"橡皮筋大法"。

坦率地说，多年后我还记得，当时我甚至觉得生命就依赖于"橡皮筋大法"行之有效。我当时的状态极差，有时甚至觉得生命不值得继续。是我的信仰，以及家人们的坚定支持，才给了我活下去的希望。

之前我每天都在祈祷，希望能找到正确的医生，为我指明医治的方向。通过丈夫给我读那本书，这一切都实现了。

2. “Y-SI（要是……），内心的‘恐怖分子’”

手腕上套着橡皮筋的日子一天天过去，我开始审视自己的内心世界。通过分析自己的想法，我注意到自己的内心对话，同时意识到自己的想法能量非常强大。不幸的是，我之前几乎总是将这些能量用在消极的事情上，用来预料不幸，或者严厉地批评自己。

> 每时每刻，我都在对自己说，我所经历的可怕的痛苦，一定是上天的某种旨意。如今，当我撰写这本书时，我比以往任何时候都更能理解这份旨意：痛苦是为了让我帮助那些被恐惧、焦虑和愤怒所困扰的人，那些感觉无法控制自己情绪的人。我经历的一切都是为了让我今后能帮助这些人，帮助他们克服那些糟糕的感受，享受充实的幸福生活。

例如，有一天，我正在开车，此时我的情况已经好多了，偶尔会一个人出门。我看到对面开过来一辆大卡车，当时我就想：要是那辆卡车失控了，撞到我怎么办？要是我被困在车里怎么办？大家还记得吗，我有幽闭恐惧症，害怕被困在封闭空间。要是我被撞死了怎么办？要是我丈夫再婚，娶了一个虐待我女儿的老巫婆怎么办？你能想象吗，卡车已经开过去很远了，我仍然沉浸在这部自编的恐怖电影中。

那一刻，独自开车的我第一次意识到，我的内心又在上映一部悲剧电影。生活中有一个如影随形的“恐怖分子”，我称他为Y-SI（西班牙语意为“要是……”）。

Y-SI，这个埋伏在心底的“恐怖分子”，虽然不会用枪支暴力伤人，但确实会摧毁生命，损害健康，偷走梦想，破坏关系，甚至将人推向自杀的边缘。

我的思绪不断纠结于这些问题上：要是我死了怎么办？要是我遗传了祖母的病怎么办？我的祖母与阿尔兹海默症斗争了很多年。要是我没了房子怎么办？我会不会疯了？要是我丈夫厌倦了我，离我而去怎么办？要是这样，要是那样，要是……诸如此类的问题无时无刻不在困扰着我，不可避免地带来了恐惧和焦虑。

> 你知道吗？你所想象和担忧的负面事件，有95%以上从未发生过。这意味着，我们总是提前承受了痛苦和折磨，这是一笔并不存在，也可能永远不会存在的“债务”。所以，乐观的人只经历一次死亡，而悲观的人在心中经历了成千上万次死亡。

你可以想象一下，每次闪电划破天空，随后才会传来雷鸣。现在再想象一下，思想是闪电，情绪是雷鸣。

花点时间反思一下，有多少次，一个简单的念头却引发了夸张的负面情绪，让你做出了最糟糕的反应。事后，当你客观地审视那一刻，就会意识到自己的反应过于激烈，被夸大的恐惧和急躁控制了头脑。

多年前，我总是紧张不安。如果我丈夫出差，到了约定时间还未接到他的电话报平安，我就会开始担心。“闪电”（思想）来了：要是飞机失事了怎么办？要是他遭遇不测怎么办？要是别人伤害了他怎么办？接着，焦虑和痛苦就如雷鸣般袭来（情绪），我会哭泣、头痛和痛苦。但不久后，他的电话总会打来，带着非常合理的解释：“刚刚没有信号”“办理出入境检查的人太多了”“航班延误了”等。你也经历过类似的情况吧？

如今我学会了释然：没有消息，便是好消息。换句话说，如果真有不幸发生，消息很快会传来；如果没有打电话，往往是航班延误、手机没电、信号不佳等缘故造成的。

由此可以看出，如果你的情绪陷入低谷，很可能是因为你在胡思乱想，与自己进行负面对话，或者在想象一部毫无根据的自编的恐怖电影。

于是，我决定采取行动，第一步就是把“恐怖分子‘要是’”赶出我的脑海。我承认这并非易事，因为那些“要是”的念头已经变成了一种自动化反应，几乎是无意识的行为。因此，我必须时刻警惕自己的思想。很多时候，我甚至没有意识到自己又陷入了破坏性的自我对话中。所以，练习“橡皮筋大法”对我帮助很大，虽然这并不是我唯一的方法。

> 先思考，再感受。先看到闪电，才听到打雷。

3.感恩，一剂心灵的强效药

我很喜欢名言警句。短短几行字，却能启迪心灵，激励人生，甚至改变命运，这太神奇了。在我感到沮丧时，有一句话深深触动了我——“并非幸福的人懂得感恩，而是懂得感恩的人才会幸福。”我突然意识到，我的生活中充满了抱怨，于是我开始——虽然起初很勉强——列出感恩的理由。这项练习对我影响深远，让我开始看到生活中许多美好的事物。起初，我只能想到那些显而易见的事。但有一天，我强迫自己写下一百件让我感恩的事情，结果令我惊叹。这份清单上，不仅有家人、健康、宠物，还有一些非常简单的事情，比如热水淋浴，舒适的枕头，早餐时热腾腾的黄油玉米饼，清晨温暖的阳光，厨房里的咖啡香，身体没有这儿疼那儿疼，亲人的拥抱等，很多值得感恩的事。从那时起，我每天醒来和睡前都会表达感恩。

> 对很多人来说，停止消极想法似乎轻而易举。我知道某些人确实能做到。但对我而言，这是一种挑战。有时，我甚至有意识地努力积极思考，却发现这并不容易。

你知道吗？世界并非如你所见，而是如你所想。当我开始列出感恩清单时，我的生活会发生什么变化呢？没错，我渐渐开始看到更多发生在自己身上的好事，看到生活的美好，这无疑让我感觉越来越好。

痛苦和悲伤一部分源于我

负面的语言和想法，我的大脑为很多值得感激的事情设置了“盲点”。回到我提到的关于迎面而来的卡车，当时我在思考可能发生的坏事（顺便一提，这种可能性极低），但我本可以在车里感恩：感谢我拥有的一切，我有房可住，有车可开，能去超市购物，还有能力为家人购买一切所需。我还可以感谢我的丈夫、我的女儿，此时我的小儿子亚历杭德罗尚未出生。我四肢健全，有工作，有生活，总之，我拥有很多，值得感恩。然而，我的大脑处于“自动驾驶”模式，而我没有及时踩刹车，也没有握好方向盘，大脑就决定把注意力集中在迎面而来的卡车上。这就是我，总在寻找生活中的不足，寻找白纸上的黑点。如果你这样刻意寻找，生活中似乎总能找到很多问题。

思想并不复杂，它遵循逻辑。如果你对它下达悲观指令，或者坚信自己生活悲惨，思想就会尽力让你感到悲惨。

情绪和生理状态是相互影响的：幸福的人会微笑，而微笑的人也会感到幸福。

要点回顾

你最常交谈的对象是你自己。无论身在何处，你都和自己同在。所以要确保你是自己最好的伙伴，并持续关注你内心的对话。如果大多数时候你的对话都是令人消极和不快的，这意味着你正在收听“悲惨电台”。是时候切换频道了，掌控你内心的对话，让它变得积极和富有建设性。

我建议你使用这三种简单的技巧来改善你的情绪和身体状况。

◎ 在手腕上套一根橡皮筋，每当你发现自己正在收听“悲惨电台”时，弹一下橡皮筋，把负面消极的想法转变为有建设性的积极想法。

◎ 停止对未来的恐怖预想。把 Y-SI “要是”这个罪魁祸首赶走，把“要是我死了”“要是我失败了”“要是我生病了”这些想法，统统赶出你的脑海。请始终记住，超过 95% 的负面想法永远不会成真。

◎ 练习感恩。当你专注于生活中的美好时，你的思维会引导你发现更多值得感恩的理由。让感恩成为你生活的一部分，不要忽视你所拥有的幸福。

练习

列一张清单，写下你感恩的一百件事（努力列完这份清单）。如有必要，可以分多次罗列，直到写满一百件事。你会感觉很棒！

1.	2.	3.	4.
5.	6.	7.	8.
9.	10.	11.	12.
13.	14.	15.	16.
17.	18.	19.	20.
21.	22.	23.	24.
25.	26.	27.	28.
29.	30.	31.	32.
33.	34.	35.	36.

（续表）

37.	38.	39.	40.
41.	42.	43.	44.
45.	46.	47.	48.
49.	50.	51.	52.
53.	54.	55.	56.
57.	58.	59.	60.
61.	62.	63.	64.
65.	66.	67.	68.
69.	70.	71.	72.
73.	74.	75.	76.
77.	78.	79.	80.
81.	82.	83.	84.
85.	86.	87.	88.
89.	90.	91.	92.
93.	94.	95.	96.
97.	98.	99.	100.

第3章

做自己最好的朋友

“照顾自己并不是自私。巧匠无良材，亦难成器。”

——埃莉诺·布朗

几个月过去了，毫无疑问，我正在逐渐好转。我丈夫曾经问我："玛格丽塔，如果你最好的朋友同你说话的方式，也像你和自己的对话那样，你们还会是朋友吗？"

我总是乐于帮助家人和朋友，我的人生目标就是赋予他人力量，希望他们能够成为最好的自己。我并非完美无缺，也不是圣人，但我努力把自己最好的一面展现给身边的人。我深信，生命中出现的每一个人都有独特的意义，而我在他们的生命中也同样如此。因此，我总是努力为他人增添价值，多做加法，不做减法。然而，尽管我对自己内心的对话有了更深的了解，也不再在心中预演可怕的未来，但在自我分析优缺点，评判自己的表现时，我仍然对自己不够友好。相反，我成了自己最大的敌人：对自己过于苛刻，缺乏安全感，总是消极批判自己。面对我丈夫这个简单的问题，我意识到，多年来，我无时无刻不在和自己最大的敌人同行。

我对这个问题的回答是"不"，我当然不会和一个对我说话态度如此消极的人做朋友。我不会和一个总是贬低我、说我一无是处的人做朋友，不会和一个说我无法胜任好妈妈、好妻子、好女儿、好企业家、好朋友等角色的人做朋友。我曾经自我批评，自我贬低，甚至在犯错时还自我惩罚，但这个问题引发了我对自尊的深刻反思，并带来了翻天覆地的变化。我开始守护自己的心门，只让那些对我有益的想法进入心灵。我开始欣赏自己，并为自己取得或大或小的每一个成就感到自豪。最终，我学会了说：“我喜欢我自己！”

从那一刻起，我决定成为自己最好的朋友，随时剖析心中的想法，改善自我对话，确保用积极的思维丰富我的生活。无论我走到哪里，我都与自己为伴，积极向上，充满爱心，富有同情心。最重要的是，我是自己最好的朋友。

无论你走到哪里，你都与自己同在，一生相随。请一定要善待自己，积极与自己对话，相信自己，做自己最好的朋友。

在继续下一个话题之前，有一点要提醒大家。有些人总对我说：“玛格丽塔，这样想会不会显得很自大？”完全不会！自大的人总觉得自己高人一等。而相信自己，同时也看到每个人身上的潜力和价值，这是完全不同的。

“家里的疯女人”：漫无目的的想象

我们有时会陷入日常琐事中，忽略了对内心世界的关照，而这恰恰是至关重要的。当我们谈论想象力时，我们不仅是在谈论某个消极的想法，而且会在脑海中编织出一一幕幕剧情。如果不能及时加以控制，这些消极想法就会像滚雪球一样越滚越大，最终演变成一场雪崩。这些想法往往会对关系造成破坏，因此我们需要时刻保持警觉。

你和大家一样成功，有价值，出类拔萃，势不可挡，能力出众。我们每个人都有潜能去实现自己的梦想，去爱自己本来的样子，因为你本就与众不同。

圣特雷莎·德·赫苏斯[①]称想象力为“家里的疯女人”。想象力或“家里的疯女人”会让你头脑发热，引发无谓的争吵，甚至在心中滋生怨恨和悲伤。相信我，无须他人，你自己一个人就能自导自演这场好戏。好消息是，一旦你意识到了这一点，就能学

① 圣特雷莎·德·赫苏斯（Santa Teresa de Jesús），西班牙女诗人、散文家，神秘主义诗歌的代表人物。——译者注

会如何及时喊停，成为自己内心电影的导演。我要补充的是，显然有些痛苦是必须亲身经历和感受的，比如遭受损失或失去亲人。这并不是说你要成为没有感情的机器人，恰恰相反，这是为了让你不必因为一部只存在于想象中的电影而无端痛苦，也不必因为一些极端负面的观点而备受煎熬。

现实有时比想象善意许多

以一个善妒的人为例。假如发生了交通事故，造成严重堵车，伴侣因此回家晚了。这位善妒者的想象力，即“家里的疯女人”就会在脑子里放电影，“谁知道他和谁在一起，在哪里待着呢！他一定是在和办公室同事偷情，而我却在这儿傻傻地等他！走着瞧，别想在我面前耍花招！”

你能想象这些有毒的想法会把这个人引向何方，会对这段关系产生什么影响？可能伴侣一回到家，还没来得及说话，就因为善妒者想象出来的情节遭到谩骂和指责。我们都知道，这会严重破坏夫妻或情侣关系。

我们常常“猜测”别人的想法，这也是“家里的疯女人”在作祟。在办公室里，如果有人和同事有说有笑，然后看向你，“疯女人”可能会说：“他们肯定是在嘲笑我！他们一定很得意，因为老板开会时表扬了他们，现在他们竟然背地里议论我！”但这些通常都是想象出来的，人们有无数的理由谈笑风生。

如果有人没跟你打招呼，你不会想，“他没看见我，他没认出我，他可能压力太大”，而是会想，“他不理我！他以为自己是谁？他不喜欢我！”

与其如此，不如放下偏执，去想一些积极的事情，而不是让自己产生焦虑。你脑海中不存在的东西，生活中也不会存在。

记住，脑袋里只有两种思想：建设性的和破坏性的。你要确保你的主导思想和想象力都是富有建设性的。

用你的想象力来创造创新、帮助别人、关照自己，而不是在脑海中剪辑“恐怖”电影。别误认为他人意图加害你，因为这样想最后受伤的是你自己。

要点回顾

◎ 成为自己最好的朋友，意味着相信自己，做自己的啦啦队长。气馁时鼓励自己，犯错时支持自己。与其责备自己，不如理解自己。输赢无定，即使不能赢，也能从中成长，我们永远不会失败。你就是独一无二、不可复制的奇迹。好好照顾自己、爱惜自己，爱自己本来的样子。

◎ 想象力，即“家里的疯女人”，会引导你根据各种假设在脑海中虚构电影。这些假设不仅会损害你与自己的关系，也会给你与他人的关系造成极大的伤害。

◎ 与其认为别人邪恶、虚伪，总想害你，不如放下偏执。世界正在努力让你收获快乐，获得成功。

练习

你害怕时，或事情发展不如预期时，你如何与自己对话？

____

____

____

____

分析刚刚写下的内容，你是在鼓励自己，还是在批评自己？

____

____

____

____

你期望自己做得好、取得好结果，还是大部分时间都在做最坏的打算？

____

____

____

____

____

如果你的答案是负面的，那么下次遇到不顺心的事，或者感到害怕时，你会对自己怎么说？请写下来。

回答以上这些问题，如果你发现最大的敌人是自己，也不要担心，今天就是改变的最佳时机。下定决心每天告诉自己："我喜欢我自己，我喜欢我自己，我对自己着迷。"也可以对自己重复："我很成功，我什么都能干，我有能力、有价值，我聪明绝顶。我会受到祝福和庇护。"

你非常有价值，所以请在此写下你每天对自己的肯定。

当别人没和你打招呼，或者没有按照你的期望对待你时，你是否会觉得他故意和你作对，或者认为他想伤害你？你会虚构一些让自己受伤的"电影"吗？

下次当别人的行为不符合你的预期时，你会做点什么来管住你“家里的疯女人”呢？

第4章

大脑：意义制造机

“人类不是被事物本身所困扰，而是被他们对事物的看法所困扰。”

——爱比克泰德[1]

① 爱比克泰德（Epicteto），古希腊斯多葛派哲学家。——译者注

在改变我内心的对话和日常思维方式的同时，我还做出了另一个根本性的改变：表达（无论是大声、小声还是书面形式）和解读方式。稍后将深入探讨语言的力量，现在我要告诉你的是：人的思维其实并不复杂。大脑是极其先进、逻辑严谨的精密仪器，如果你向它下达负面、消极的命令，它不会质疑，只会服从。

比如，有些人会把负面的事情与自己联系起来，“我总是头痛”“这是我的问题”“她对我大喊大叫”“他冒犯了我”。如果我们换一种说法呢？比如“头痛了”“她大喊大叫”“他冒犯了别人”，这些事情并非与我直接相关。“我丈夫今天早上大喊大叫，可怜的家伙！他一定压力很大，但这不会破坏我美好的一天。”这与“我丈夫对我大喊大叫，这可能是我的问题。所以，我要处理我的抑郁情绪”的说法完全不同。前者是把自己内心平静和幸福的钥匙抓在自己手里，后者则是交给了别人。

你瞧，你的思想就是一台精密仪器，为一切赋予意义。假设我介绍一个朋友给你，你们俩单独聊天时，你的语气非常友好，她的目光却看向地板和门，没有直视你。此时，你的思想可能会给出不同的解读，一种可能是：这个女人真是傲慢，不懂得尊重人！跟她说话时都不看着我，她以为自己是谁？这样的解读会让你感到愤怒和受伤。

但你也可以选择另一种理解方式：玛格丽塔的朋友好像有点腼腆，可怜的小姑娘被留下来和我待在一起，看起来似乎很不自在。这样解读你也许就不会感到愤怒了，而是对她产生同情。

再来看看新冠疫情（COVID）的例子。当然，我们无论如何也不能否认这场疫情带来的痛苦，有人失去了亲人，有人健康受损。

> 我们随时都可以决定为每件事赋予的意义。

但我们也有某些熟人，他们和家人并没有出现健康问题。有些人则借此机会重塑和提升自我，学习了新语言，拓展了新业务，开启了新事业，甚至找回了自己的精神家园。有些人则陷入抑郁和恐惧，感觉走投无路。面对同样的情况，不同的人赋予了不同的意义，也决定了不同的感受。有人称疫情为“危机”，有人则将其视为“变革或机遇”；有些人“感到被困住了”，而有些人“感觉受到了保护”；对一些人来说，病毒意味着“世界末日”，而对另一些人来说，则是“建立新世界的机会”。

记住，思维是一台产生意义的机器，而你握有操纵杆，是你决定了赋予每件事哪种意义。

情绪三角：让你产生情绪的三个步骤

情绪的形成与你的亲身经历紧密相关，我们可以通过以下三个简单的步骤来理解，我称之为“情绪三角”。

（1）**事件**。事件是中性的，例如，新冠疫情（COVID）、堵车、介绍给你的朋友……

（2）**你对事件的解读**。对有些人来说，堵车是听有声书的好机会，而对另一些人来说，堵车会让他们焦虑不安。你的解读、你的看法决定了事情的好坏。有些人觉得，说话时不直视对方是傲慢的行为，而有人却认为，这样只是因为害羞。换言之，让你感觉或好或坏的并不是现实本身，而是你对现实的解读。

（3）**情绪**。情绪是你解读事物之后得到的结果。你的感受很大程度上取决于你对生活中事件的解读。

> 让你感觉或好或坏的不是现实，而是你对现实的解读。

好消息是，你在第二步中拥有决定权，第二步是产生情绪的关键一步，而你可以决定如何赋予事物你所期待的意义。

情绪三角

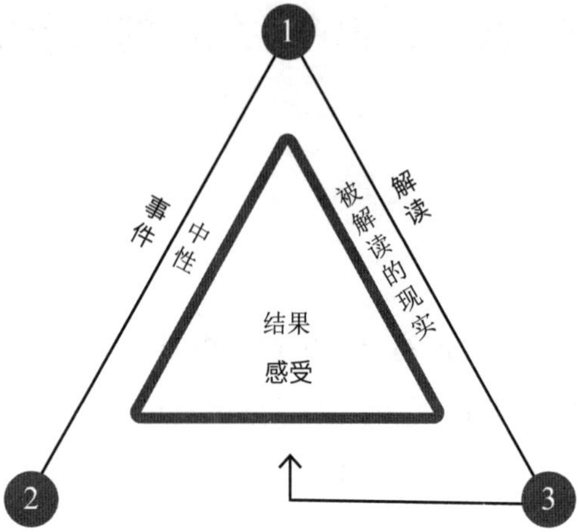

我们再来看一个例子，上面三个步骤涉及三个不同的人。

有三个朋友在山中徒步。

一个是摄影师，专为杂志拍摄濒危物种和奇异生物。

一个是都市人，容易焦虑。

一个是在农场长大的人。

突然，一条黄黑相间的蛇爬到他们面前。

第 1 步，蛇的出现是中性的，是事件本身。

第 2 步，每个人对事件的解读不同。

摄影师兴奋地跑去找相机，他看到了拍摄新物种的机会。

第二个人非常害怕，他心跳加速，迅速逃离。

第三个人把蛇捧在手里，因为他喜欢蛇，小时候在农场里养过两条蛇作为宠物，而且他知道这种蛇并不危险。

显然，三个人对同一事件的解读大相径庭。因为每个人的经历和内心对话都不同，所以想法也不一样。

摄影师的解读：机遇

焦虑者的解读：危险

农场者的解读：宠物

第 3 步，每个人基于自己的经验和内心对话，对有蛇出现这件事进行了不同的解读，感觉也各不相同。

摄影师的感觉：着迷

焦虑者的感觉：恐惧

农场者的感觉：可爱

显然，焦虑者、摄影师以及在农场长大的人，他们的经历大不相同，这也是为什么三个人对同一事件的解读如此不同。

> 因此，生活的核心原则在于思想观念。你的情感幸福并非一蹴而就，而是通过每一个念头逐渐构筑。

举这个例子是想让大家明白，你的解读基于自身经历，而不是基于事实本身。好消息是，你可以随时改变对同一事件的解读，即你赋予事实的意义尽在你的掌控。你掌握情绪的钥匙，根据你对事件的理解，情绪也会随之改变。

如何应对不请自来的强迫性思维?

有人好奇地问我："玛格丽塔，那你从不生气吗？从不伤心吗？"我当然会生气和伤心。有时候，感受和应对痛苦的情感也很重要。但不同的是，我现在很少因为不值得的事情而动怒，即使我生气或伤心，也不会让自己长时间停留在这种情绪状态。或者像我说的，我不会一直"沉溺于苦海"。

我知道，我要把注意力集中在积极的事物上，同时把所有消极的想法抛诸脑后。说起来容易，做起来难，但通过持续的练习，这是可以做到的，所以请不要气馁。

一开始练习时，每当脑海中浮现出负面想法，我都会用手腕上的橡皮筋弹自己一下，提醒自己要转变思维。然而，三十秒后，那些让我害怕或焦虑的想法又会不请自来。

下面三个步骤帮助我逐渐改变了这种强迫性思维，我相信它们同样能够帮助你。

（1）感到高兴，并欢迎这些想法。你可能会问，我为什么要高兴和欢迎负面想法呢？因为至少当它们出现在脑海中时，我能识别出来。也就是说，我明白焦虑来源于我与自己对话的方式，我能对此有所掌控，这给了我希望。更重要的是，我给这些负面思维起了个昵称（你也可以这样做），我开始称它们为“滑稽小丑”。当它们出现在我的脑海时，我会对自己说：“又来了，滑稽小丑。欢迎你们！别坐下，走吧，我可没时间和你们闲聊。”

我知道这听起来可能有些荒谬，但对我是有效的。给它们起个昵称，会让它们显得不那么重要，不那么有影响力，这是情绪管理三角的第二步——用另一种方式去解读。记住，语言创造意义，而意义引发情绪。以前我害怕它们，觉得它们像强迫症一样难以控制。现在我通过给它们起“骗子”“滑稽小丑”和“小傻瓜”这样的昵称，削弱了它们的力量。

> 之前，负面想法一直在我的脑海中，但我没有意识到，而是习惯“沉溺于苦海”之中。

（2）放下，让它们过去。如果我害怕负面想法，它们就会变得更加强大，对我产生更多影响。有句话说：“你抗拒的东西反而会一直存在。”所以我学会了不抗拒负面想法。相反，我给它们起昵称来削弱它们的力量，让它们在我的脑海中自由来去，而不再感到害怕。

你是否曾躺在草地上或沙滩上，看云卷云舒？对待你的负面思维也应当用同样的方法：接受、减弱、放下。

（3）转移注意力。心理学研究者苏珊·诺伦－霍克西玛指出，沉浸在负面想法中，是导致焦虑和抑郁的主要原因之一。她的研究还证实，能够转移注意力的人，更不容易感到抑郁和焦虑。那么，我是如何做的呢？一旦我降低负面想法的影响，不再抗拒，我就开始将注意力转移到其他事情上。

我明白大脑无法全神贯注于两件事，尤其是在进行看似简单却需要一定程度上集中注意力的任务时。因此，当强迫症式的念头袭来，而我又无法改变它时，我就接纳它们，给它们起个昵称以削弱它们的攻击力，然后专注于一些需要我高度集中注意力的活动，以此来转移思想。比如，我会倒背字母表（试试吧，其实不容易），从 300 倒数到 1，或者数地板上的瓷砖，观察手上的每条掌纹……这些小技巧都是为了暂时“跳出思维陷阱”，直到我恢复平静。

以一个具体场景为例，来看看我如何实施这三个步骤。我经常会有这样的想法：我要死了，我的大脑出了问题，我病了，但医生不知道我得了什么病，我可能会因此死去，这些都是我典型的担忧。第一步是识别这些想法，并为能察觉到它们而感到庆幸。第二步是欢迎它们，不再抗拒。我会说：“你们好，小傻瓜或滑稽小丑们，你们又来了”，然后就让它们像云朵一样，飘进我的脑海又飘走。

第三步是转移我的注意力，正如我之前提到的那样，我会倒背字母表，大声唱一首好听的歌，或者复习我从小就背得费劲的乘法表。

我承认，起初这样做并不容易，但越做越轻松。

曾经有一段时间，我经常头痛得厉害，比如在我上台发表演讲之前。渐渐地，我发现了一个有趣的巧合：每次头痛着上台

> 转移注意力至关重要。你的专注所在，就是你的能量流向，这直接影响你的生活。

演讲，结束后头就不疼了，大多数时候连药也不用吃就痊愈了。甚至有人在后台问我："你没事吗？"我才想起之前的头痛。怎么回事呢？当我走上台演讲时，我感到快乐，全身心地投入到帮助他人之中。我忘记了头痛，不再关注它，它就会逐渐减轻或消失。负面思维也是如此，它们就像被宠坏的孩子，不去关注，它们就会感到无聊，最终平静下来。

精神节食

“疯狂的定义，就是一再重复相同的事，却期待得到不同的结果。”

——阿尔伯特·爱因斯坦

你还记得新冠疫情最严峻的隔离时期吗？那是对全人类来说充满挑战的时刻，仿佛好莱坞电影中的场景：街道空无一人，超市、购物中心关闭，船只停泊在港口。平时迈阿密上空每分钟都有飞机飞过，而那时却再也听不到飞机引擎的轰鸣。一切都令人难以置信。在那段时间许多人给我写信，表达他们的恐惧和焦虑，对未来的不确定，对健康和亲人的担忧。我们不知道这种与世隔绝、居家隔离的状态要持续多久，各种猜测四起。

在那段日子里，学会进行精神节食让我保持了平静和专注，甚至比以往更加忙碌。你有没有想过，如果你一日三餐都吃垃圾食品，你的身体会怎样？如果你每天只吃巧克力、披萨、冰淇淋、汽水、薯条和糖果，会发生什么？你可能会生病、疲劳，出现血糖升高、体重超重以及其他方面的健康问题。

现在我们越来越清楚，哪些食物不应该吃，哪些食物应该少吃，哪些食物具有营养价值，对健康有益。不幸的是，我们对心理上的垃圾食品却没有这么敏感，常常用我所说的“精神垃圾”来填饱自己的思维。

我们整天摄入“精神垃圾”，却不明白为什么会感到不安、焦虑、愤怒，陷入无休止的恶性循环。我们已经讨论了内心世界，以及如何通过改变对事件意义的解读，获得对情绪的掌控。但我们不能否认，持续摄入精神上的“有毒食品”，即使是外界的“有毒情绪”，也会影响你的情绪和身体健康。

让我给你讲个故事。不久前，我开始出现心率过速的症状，有时心悸很明显，所以我去看了一位心内科医生。幸运的是，问题并不严重，是心脏“期外收缩”导致的。不危险，但有时确实会让人感到不适。医生解释说，咖啡因和压力可能会引发这种情况。于是，我继续正常生活，直到有一天，我陪女儿索非娅看了一档戏剧性的 Netflix 节目[①]。我平时不看这种节目，但我还是坐下来陪她。在那一集里，十几岁的两兄弟开车与火车竞赛，坚信自己能赶在一辆快速驶来的火车前，加速冲过铁道。但他们没冲过去，火车撞到了这两个年轻人，他们被紧急送到医院。我们看着电视里的这一幕，两兄弟的父母与医生对话，医生告诉他们情况很严重，不知道他们的一个孩子是否能活下来。父母显然非常痛苦，于是问医生另一个孩子的情况，医生惊讶地说：“难道没人告诉你们吗？”原来，另一个孩子已经去世，这个孩子可能也活不成了。

① Netflix，美国奈飞公司。是一家会员订阅制的流媒体播放平台。——译者注

我知道这只是虚构的故事，但当时我的心脏开始狂跳不已。我清楚地意识到，人们往往认为新闻和戏剧性的场面不会对他们产生影响。但实际上，当然有影响！观看这些内容时，我们的身体会分泌肾上腺素和皮质醇。我当时很平静，对这个节目并不焦虑，因为我知道这是演员在按照剧本演戏。但大脑却无法分辨这些差异，会分泌出一种“毒药”，对健康产生严重影响。

因此，我想邀请你开始进行精神节食，摈弃精神“垃圾食品”。我已经有很多年没有看新闻了，并感到非常愉悦。有重大新闻发生时，总有其他渠道让我知道。如果我对某个事件感兴趣，我会直接在谷歌或 YouTube① 上搜索。我几乎从不看那些充满戏剧性的电影，也不参与消极、无用或有毒的对话。

有人曾在一次谈话中告诉我：“我害怕看恐怖片，看完后甚至一周都得开着灯睡觉。”我无法理解为什么要花时间去看一部折磨自己一周的电影，这在我看来毫无意义。请允许我再次强调，你以为这些不会影响你，但实际上你的身体会产生化学反应。你在观看这些负面影视时分泌的肾上腺素和皮质醇，最终会累积成一种毒素，损害你的健康。

---

① Youtube，全球最大的视频网站，互联网第二大搜索引擎。——译者注

保持健康的精神饮食习惯

诚然，要管理好自己的情绪，必须关注自己的内心世界。经常摄入精神垃圾对你并无益处，要想让自己感觉更好，更有动力，充满活力，你还需要摄入更多我所说的“精神蛋白质”。而且，一天补充一次精神蛋白质是不够的，需要持续不断地补充。显然，要做到这一点，你必须大幅减少或完全戒掉精神垃圾。

什么是精神垃圾，什么又是精神蛋白质？下面的例子可以帮助识别你正在摄入的内容。

精神垃圾

» 过度获取信息，收看负面新闻，信息过量

» 八卦新闻

» 吸引眼球的夸张新闻

» 消极思想

» 批评

» 抱怨、受害者心态

» 有毒或负面的对话

» 恐怖视频和电影

» 暴力视频和电影

精神蛋白质

» 阅读有助于提升生活质量的非虚构类读物

» 祈祷

» 冥想

» 感恩

» 制定目标

» 预见你的目标

» 笑，看喜剧片

» 运动

» 跳舞

» 唱歌

» 观看鼓舞人心、积极向上的视频

» 读能激励你的名言警句，并把它们贴在你能看到的地方

» 拥抱你爱的人

» 活在当下，心随身动，享受当下

» 积极的自我肯定

再次审视这份清单，识别你正在摄入的精神垃圾食品。现在就下定决心，立即改变你的精神饮食习惯。我保证，你的生活将会迎来巨大的转变。

主导思维定律

“高能的人总在思考自己想要什么，
低能的人则总在想自己害怕什么。”

——博恩·崔西

我们已经探讨了精神节食的重要性，以及为了保持良好感觉，我们应该如何选择精神食粮。现在，让我们来谈谈你应该多长时间补充一次精神蛋白质。如果你曾经节食减肥，你就会明白，如果你午餐吃双层芝士培根汉堡、薯条、冰淇淋和碳酸饮料，那么早餐再怎么清淡少吃，比如只吃水果和不加糖的茶，也是徒劳的。结果显而易见，你既减不了体重，健康也得不到改善。

同样，这个道理也适用于你的思维和心理。如果你早晨摄入了精神蛋白质，比如积极思考和自我肯定，但接下来的一整天都在摄取精神垃圾：关注那些博眼球的小报新闻，沉溺于消极想法和八卦，或者幻想那些根本不可能发生的灾难，让自己充满恐惧。这样做对你没有任何好处，早上的精神蛋白质也毫无作用。

只靠早餐吃健康食品无法帮助你减肥或改善健康，同样，每天只摄入少量精神蛋白质，也不足以改变你的生活。要想真正实现转变，你的主导思维必须是积极的，充满感恩的。大家应专注于解决问题，而不是问题本身，关键在于“主导”。你的精神食谱的主要构成应该是：激励性的书籍和视频，祈祷或冥想，思考目标及其实现途径，感恩清单，进行有益的对话。

这并不是说你永远不能有消极的想法。我的建议是，要有意识地控制你的思维，关注你思考的内容、参与的对话和观看的视频。换句话说，你会发现：

快乐的人有快乐的思维。

痛苦的人被恐惧所困扰。

愤怒的人满脑子都是怒火和挫败。

如果一个人早上起床就开始抱怨：“真不想去上班，我的孩子们真不省心，世界烂透了，经济一团糟，我在公司被压榨，真倒霉，交通状况又这么差……”你认为这个人会哼着歌、带着幸福的微笑走进办公室吗？当然不会，因为这些负面思维已经决定了他的感受。

> 心中有蛇蝎，
> 口难吐莲花。

相反，如果一个人起床后感恩生活中的一切，设想自己实现了目标，珍惜自己所爱的人，把工作视为机遇而非负担，通过听励志歌曲、看励志视频等方式摄入精神蛋白质，那么，他开始工作时的状态又会如何呢？

很可能，那些开开心心去上班的人，正是那些拥有积极主导思维的人。

> 你需要进行精神节食，以强化你的思维，改善你的健康和情绪状态。

要点回顾

情绪的形成分为三个步骤。

首先，事件发生。事件本身是中性的。

然后，你根据自己的亲身经历对事件进行主观解读。这不是现实，而是你解读后的现实。

基于你的解读（无论积极还是消极），情绪随之产生。

精神节食

你的思维模式和对事件的解读，以及你从外界吸收的信息，共同影响你的情绪和生理反应。

避免摄入精神垃圾，如负面新闻、小报八卦和有害对话，转而吸收精神蛋白质，如励志书籍和视频、祈祷、冥想和幽默笑话。

主导思维法则

偶尔积极思考无法改变你的生活，就像只在早餐吃健康食品不足以改善你的健康一样。要真正实现转变，你需要的是一种积极的、建设性的主导思维，以解决问题为中心，关键是“主导”。

练习

运用情绪三角模型，重新定义日常生活中给你带来压力的情境，例如交通堵塞、工作压力、他人的态度、未付的账单等。

触发压力的情境（记住，情境本身是中性的）。

____

____

____

你对这一情境的解读引起你的压力或焦虑（经你解读的现实）。

____

____

____

对这一情境，你可以重新赋予什么意义，以尽量减少或消除它对你情绪的影响，甚至将其转变为一种积极的体验？

____

____

____

下次再遇到类似情况时，回想你刚刚写下的内容。改变你的解读，情绪自然随之改变。

你经常摄入哪种心理垃圾？请标记“×”。

» 过量信息、新闻

» 八卦新闻

» 小报新闻

» 消极思维

» 对自己和他人的破坏性批评

» 抱怨

» 受害者心态

» 有毒或负面的对话

» 恐怖、死亡、暴力主题的电影

其他：____

____

____

____

____

你承诺每天摄入哪些精神蛋白质？

» 阅读有助于成长的非虚构类读物

» 祈祷

» 冥想

» 感恩

» 制定目标

» 预见你的目标

» 笑，看喜剧片

» 运动

» 跳舞

» 唱歌

» 看励志视频

» 听有声读物、播客（激励性的或对你有帮助的）

» 积极的肯定或鼓励性短语

第 5 章

改善神经系统，寻找内心的宁静

“当你学会控制呼吸，把心思放在当下，你的焦虑就会消散。”

——阿密特·雷[①]

① 阿密特·雷（Amit Ray），印度灵性导师和作家，以其关于冥想、瑜伽和意识的著作而闻名。——译者注

了解我们神经系统的运作机制至关重要。通过深入阅读和研究，我得以洞察自己所经历的焦虑、缺氧、头晕、心率过速的生理机制——自主神经系统负责控制和调节心脏、胃等内脏器官，以及瞳孔缩放、消化和血压等非自主反应。

自主神经系统分为三个部分：交感神经系统、副交感神经系统和肠道神经系统。这里我们只讨论交感神经系统和副交感神经系统。交感神经系统有时我称之为“令人反感的神经系统”，它会触发我们的战斗或逃跑反应。例如，当你走在黑暗的小巷中，感觉有人在跟踪你，交感神经系统（“油门”）就会启动，加快你的心跳，扩张你的支气管以吸入更多氧气，将更多血液输送到肌肉，以帮助你逃跑；同时放大你的瞳孔，提高你的警觉性，这些都是为了帮助你战斗或逃跑，应对潜在威胁。这种急性应激反应在紧急情况下能救命，但问题在于，如果长期处于这种焦虑和紧张的状态，就会对身体有害。

你吓得发抖，回到家，告诉大家小巷中的惊险经历后，会逐渐平静下来，这是你的“刹车”（副交感神经系统）开始发挥作用的标志。副交感神经系统触发放松和消化反射，帮助你恢复平静。

简而言之，我们有两种状态：一个是战斗或逃跑，也就是“油门”，帮助我们逃离危险；另一个是放松和消化，也就是“刹车”，帮助我们恢复和保持平静。问题在于，当我们不断受到刺激，持续与自己进行负面对话时，刹车系统就会超负荷运转，开始“磨损”。

以我的家乡麦德林为例，何塞·玛利亚·科尔多瓦国际机场并不在城市所在的阿布拉山谷，而是在山区的里奥内格罗。因此，如果你沿着老路从机场返回市区，就会在大约四十分钟的车程里一路踩着刹车下山。因此当快抵达麦德林时，就会开始闻到刹车片烧焦的味道。当然，现在有一条隧道可以帮助大家从机场直达麦德林，不用一直踩刹车。

长期承受压力时，你几乎一直处于战斗或逃跑的状态，油门被踩到底。这就像你从机场开车下山，一路都要踩刹车。这会导致你的情绪刹车系统磨损，让你难以减速回到平静状态。换句话说，你的交感神经系统，即负责激活战斗或逃跑反应的系统过度活跃，使你感到恐惧和焦虑，心跳加快，呼吸急促，仿佛面前有一头狮子想一口吞掉你，而实际上狮子并不存在。

激活情绪“刹车系统”的工具箱

那么，如何激活副交感神经系统以平息内心的波澜呢？接下来，我将分享七种方法，用以提高副交感神经系统的活力，也就是强化你的“刹车系统”，帮助你进入一种平静而愉悦的状态。

（1）练习腹式呼吸。通过鼻子缓慢吸气，隆起腹部，然后通过嘴巴缓慢呼气。观察婴儿的呼吸，你会发现婴儿总是把肚子鼓起来，随呼吸而起伏。这才是正确的呼吸方式，有助于我们达到平静。深吸气，扩张腹部，然后通过嘴巴慢慢呼气，要确认自己做的是否正确。可以躺下，在腹部放置一个物体，比如手机，观察它随着呼吸而升降：吸气时上升，呼气时下落。

事实证明，有控制的腹式呼吸能减轻焦虑，降低压力水平和皮质醇。通过练习腹式呼吸，可以激活副交感神经系统（你的内在“刹车”），帮助身体排出二氧化碳，从而减轻焦虑和恐慌感。

（2）解救法：冥想，暂时走出内心世界。如果焦虑的根源在于内心，那么暂时走出内心，抽离一会儿又何妨？这是一种极其有效的冥想方法，专门应对压力，我称之为“解救法”：呼吸，意念放松，释放压力。

这项练习包括以下步骤：找一个舒适的地方坐下，进行几次腹式呼吸（吸气时腹部隆起）。然后恢复正常的呼吸节奏，开始逐步观察自己的身体，从脚趾开始，觉察你的感受，如冷、热、刺痒、鞋子的触感等。不要对任何感觉做出或好或坏的评价，它只是一种感觉。从下往上逐步审视身体的每一部分，释放每一处的紧张感，特别是颈部、头部和下颚，因为这些地方往往积累了大量的紧张感。

另一种有效的冥想方式是祈祷。在一个舒适安静的地方坐下，与更高的力量连接，将所有忧虑交于它的慈爱之手。

（3）温暖双手。手捧一杯不含咖啡因的热饮，咖啡因可能增加焦虑。可以是一杯热茶或热巧克力，也可以握住爱人温暖的手。丹尼尔·阿门医生指出，你可以通过意念温暖双手，想象双手放在火炉或壁炉前，你的手会变得更温暖，从而安抚你的交感神经系统。阿门医生的研究发现，他的病人仅凭想象就能将手的温度升高。因此，即使你手边没有热茶，没有朋友的手，也可以闭上眼睛，通过想象来温暖双手。另一种选择是使用一次性或充电式自动暖手器。我床头柜上就有一个充电暖手器，它有三档温度选择，能迅速温暖双手。

（4）享受薰衣草精油的芬芳。将少量精油涂在手上嗅闻，或者使用扩香器来激活你的情绪刹车系统，帮助你平静下来。大量研究表明，薰衣草具有镇静作用。例如，日本鹿儿岛大学的一项研究发现，吸入芳樟醇（薰衣草中的一种天然醇）的小鼠，与服用抗焦虑药物如阿普唑仑的小鼠表现相似。区别在于，薰衣草不会影响小鼠的行动能力。

（5）练习正念。在进行呼吸练习并温暖双手的同时，将注意力集中在当下。选择面前的某个物体，比如一盆植物，开始观察每一片叶子，每一根叶脉，每一种颜色，对双眼所能捕捉到的细节感到惊奇。让过去和未来随风而去，因为它们并不存在于此刻。唯一真实的就是当下。将你的全部注意力集中在当下，放下其他的一切杂念。我之前提到的“解救法”——呼吸、意念放松、释放压力，也是一种正念练习。

（6）让幽默成为生活的一部分。让我分享一个笑对死亡的故事。诺曼·考辛斯曾任纽约《星期六评论》杂志的编辑，他是一位将心理力量和生理化学反应融入健康的典范。

学生时代，考辛斯担任校报编辑。毕业后，他在《纽约邮报》工作，后来又加入了《星期六评论》，生活一帆风顺。

突然有一天，由于关节疼痛，他去看医生。结果被诊断出患有胶原病，这在当时是一种罕见的疾病。考辛斯询问了很多医生的意见，结果不仅确认了原有诊断，还发现自己患有强直性脊柱炎。强直性脊柱炎是一种退行性疾病，会使脊椎骨收缩、逐渐僵硬直至失去活动能力，让人疼痛难忍。

考辛斯想知道康复的可能性有多大，答案不容乐观：只有千分之二的病例能够康复。根据医生的说法，他已来日无多。

但是诺曼·考辛斯并未气馁。他知道，大多数病人在得知噩耗后，病情会迅速恶化，因为他们被死亡的阴影所笼罩和折磨。显然，这些恐惧和痛苦的想法，如同“毒药”一般会对身体造成影响。考辛斯决定反其道而行之，他要求在病房里装一台放映机，只播放喜剧片。此外，他经常邀请亲朋好友带着笑话书来探望他，让他尽情开怀大笑。很快，考辛斯发现，笑得越多，睡眠越好，疼痛也不再每晚来袭。于是，他放弃了所有药物，只用高剂量的维生素 C 和大量的笑作为治疗。

他的病房充满了欢声笑语。因为他拒绝按照医生的建议进行治疗，被要求出院，于是他搬到一家酒店，继续他的笑声疗法。

出乎所有人的意料，诺曼·考辛斯从绝症中康复。他不仅重拾各项活动：高尔夫球、骑马、弹钢琴，还在医生预测的有限生命期限之后又活了二十六年，笑到了生命的最后一刻。

因此我建议你将幽默融入生活，要像对待医生处方一样认真。每天至少花半小时，与家人、朋友一起大笑，分享笑话，关注社交媒体上的幽默账号，观看让你发笑的视频。学会自嘲，别把生活看得太严肃。即使你一时不想笑，就像我们有时不想吃药一样，也要笑出声来。笑容能够放松身心，增强免疫系统，保护心脏，带来身心的愉悦，当然还有许多其他好处。这不是开玩笑，你真的需要笑一笑！

（7）激活哺乳动物潜水反射。当你感到焦虑即将发作，或紧张到极点时，可以尝试激活哺乳动物的潜水反射。这项练习能迅速有效地停止焦虑发作的所有生理症状，激活你的“刹车系统”。

我来解释一下：当哺乳动物潜入冷水中时，它们的心率会减慢，心动过速会得到缓解，氧气使用会得到优化，优先供应给大脑和心脏。在你感到焦虑时，不必跳入海里或湖里游泳来激活这个反射，只需用冷水刺激面部神经即可。找一个足够大的容器，能让你的整张脸都放进去。装满冷水，甚至可以加点冰块，然后将脸浸入冰水中三十秒钟，或尽可能长的时间，确保面部完全浸入水中。就这么简单！虽然我在恐慌症发作时并不知道这个神奇的方法，但我在海里游泳时，确实感受到了极大的平静，也多次在情绪激动时使用过这个方法。它有效、免费且安全，但请注意，如果你有心动过缓或其他心脑血管问题，请先咨询医生。

记住，一切都会过去

无论你正在经历什么，请记住，一切都会过去。如果你感到极度痛苦，那只是因为你的情绪正在产生过度反应，就像电脑感染了“病毒”并出现异常反应一样。但慢慢地，通过管理你内心的对话，运用你在本书中学到的技巧，你的“刹车”就能修复，激活你的副交感神经系统，帮你恢复平静和控制力。

要点回顾

◎ 自主神经系统也即身体的自动调节器，有“油门”和“刹车”功能。压力大时，“油门”启动，让你在面对危险时战斗或逃跑，而“刹车”则让人恢复平静。

◎ 随着压力的不断累积，“油门”和“刹车”会渐渐失衡。

◎ 通过采用本章提到的方法，你可以重新启动“刹车”，更方便有效地管理焦虑和压力。这些方法包括腹式呼吸、冥想祈祷、暖手、薰衣草精油芳香疗法、正念练习、将幽默融入生活以及激活哺乳动物的潜水反射。

思考

结合本章所学，你计划采取哪些行动来改善你的生活？

第 6 章

战胜自动产生的负面想法

“你对自己的思想有控制权，而对外部事件无能为力。意识到这一点，你就会找到力量。”

——马库斯·奥勒留①

① 马库斯·奥勒留（Marco Aurelio），罗马帝国的皇帝和著名的斯多噶学派哲学家，以其哲学著作《沉思录》而闻名。——译者注

让我们探讨一下我所说的“痛苦”。是的，所谓的“痛苦”，源自我们内心自动产生的负面想法。

我想强调的是，即使我们意识到与我们交谈最多的人是自己，也并不意味着脑海中就不会再产生负面想法。

一生中，负面想法总是不请自来，它们就像是大脑中的不速之客。问题不在于“客人”的来访，而在于我们开始与不速之客对话，甚至邀请它们留下来。

在第 4 章中，我分享了一个非常有效的技巧，帮助大家应对强迫性思维。你可能仍然害怕这些想法，觉得它们“控制”了你。你或许记得那个练习：欢迎你的想法，给它们起个像“小傻瓜”这样的昵称，以减小它们的影响，让它们像云一样飘过，然后转移你的注意力。

在这一章中，我们将探讨如何处理这些想法。当你不再觉得苦恼，并重新夺回对思想的控制权时，我建议你开始尝试本章介绍的方法，管理自动产生的负面想法。

想象一下，如果一只血迹斑斑、臭气熏天的猛禽停在你的头顶，你肯定不会把它当成宠物，不会给它喂吃的，更不可能给这种能挖掉你眼珠的动物起名字，对吧？最有可能的做法是立即把它赶走。因为如果你抚摸它，喂养它，给它起名字，它就会感到舒适和习惯，甚至会在你的脑袋里筑巢、生长、下蛋，让你的脑海中充满“鸟粪”。

当“痛苦”（自动产生的负面思维）出现在我的脑海中时，我会像对待一个做错事的孩子一样，给它们立规。例如，如果我想到：“唉，要是我们这个月的销售额下降怎么办？”我不会让那只臭鸟在我的脑海中安居筑巢！我会这样回应它：“如果经济衰退，我们就加大广告力度，联系更多客户，加倍努力！走开！”然后我就把精力集中在解决方案、寻找机会和努力工作上，而不是继续纠结于负面思维，受它摆布。

以下五个案例，反映了“痛苦”或自动产生的负面思维，你可以尝试将它们从生活中驱逐出去。

（1）有“小污点”的人。这类人会因为一点小事而破坏一整天的美好，他们总是会想，“这事儿毁了我的一天，那事儿毁了我的旅行”。请宽容些，允许小污点的存在。比如“我哥哥喝醉了，毁了我的婚礼”，就是一种自动产生的负面想法。为什么不这样想：“我的婚礼很完美，我的家人都参加了，大家都在尽情跳舞、用餐、喝酒。我哥哥高兴喝多了，但那又怎么样？”这只是一副美丽画卷上的一个小小瑕疵，不要让这个小瑕疵破坏整幅画。

（2）爱猜测的人。我们试图猜测别人的想法时，往往会从负面角度出发，因此造成“痛苦”。比如，同事在餐厅没和你打招呼，你马上就会进行负面猜测：“他是不是不喜欢我？他们说我什么坏话了？”“真傲慢！自以为是！”为什么不换个思路呢？“也许他没看到我，也许他压力太大了，之后会跟我打招呼的。”记住，请放下偏执！

> 想象一下，整个世界都在密谋让你获得成功和幸福。归根结底，这是你的人生，你的电影剧本由你自己来写。

不要假设周围的人有意伤害你。他们和你我一样，有梦想，有恐惧，有挣扎，有的甚至还有深层创伤。所以，不要把自己的幸福交给别人，也不要让“家里的疯女人”在你脑海里放映只会让你受伤的电影。

（3）绝对主义者。这类人倾向使用极端的语言，比如“所有、没有、从不、总是”。他们可能会说：“孩子们从来不听我的话”“我总是运气不好”“世上没有好人”“老板总是忽略我”。试着避免这种绝对主义思维，世界不是非黑即白，而是有许多灰色地带。人无完人，我们都有优点和需要改进的地方。

如果一位妻子说：“我丈夫从来不听我说话”，那她所说的很可能并非事实全部。丈夫当然有时候会倾听，有时则不会。“总是运气不好”真的意味着“总是”吗？你耳聪目明，好手好脚，有房住，有饭吃——还是有运气好的时候呀。如果你不相信我，可以回到之前的感恩练习，你列出了一百件让你感激的事情，多么幸运。试着换一种说法，“这次可能是运气不好，但其他时候我很幸运。”“丈夫今天没听我说话，但其他时候他很关注我。”避免以偏概全，否则只会伤害自己，夸大问题，到头来可能会影响你的人际关系。

（4）宿命论者。这是一种预期不幸的心态，总是设想最糟糕的事情即将发生。比如，考试前我们总想着自己可能不及格，面试前我们总担心自己不会被录用，推销产品时我们总感觉客户可能不会给我们机会。甚至看医生也变成了一种折磨，我们总担心自己的健康状况非常糟糕。

宿命论者是内心恐怖分子 Y-SI 的另一个版本。与其在心中反复说“要是我没准备好”“要是我不够好”“要是我做不到”，不如默念你将采取的行动，尽你做能，提高成功的概率。

造就大师的不是单纯的实践，而是完美的实践。而完美的实践是在头脑中进行的。心理排练是专业运动员、成功企业家和全球顶级销售员常用的一种技巧，他们会在脑海中反复演练事情如何发生，他们如何行动，他们会有什么感觉，他们会得到什么结果（当然是在事情发生之前）。比赛、考试、销售过程中，在头脑中反复思考你想要达到的结果，实践证明，这种技巧能够大大提高成功的概率。

（5）翻转望远镜的人。你用过望远镜吗？用过就知道，望远镜的一面会放大你所看到的东西，而倒过来从另一面看会缩小物体。我们夸大生活中的坏事时，就是在用“痛苦”望远镜看世界。同时，我们往往倾向用另一面去看待好事，将好事缩小。对人也是如此，我们可能会在

> 如果没成功呢？没关系，赢了是好事，没赢也能学到东西，永远都没有损失。所有宿命论的想法，走开！

脑海中放大他们值得改进的地方，而看不到他们的长处或优点。我更喜欢“成长空间”这个词，不喜欢用“缺陷”来形容人。望远镜的关键在于视角，你总是关注和放大生活中的好事还是坏事呢？

精心呵护我的心灵圣地

我钟爱和谐、有序、整洁的环境，对现代建筑中宽敞明亮的白色空间情有独钟。我也青睐极简主义，喜欢简约不杂乱、光线充足、空间明朗的氛围。一天，我深思所学关于内心对话的知识，领悟到我的思想就像我的家园，必须保持家里干净整洁，才能带来内心的平静。自那以后，我决定称它为“我的心灵圣地”。如果一个充满恶意、刻薄、爱嚼舌根的人造访你家，对你和你的亲人指指点点，说“你的孩子很不听话，你的房子很糟糕，你太失败了”，等等，你还会邀请他共进午餐，留他住宿吗，还是会坚决地请他立即离开？

如果你不允许这样的人留在家里，那你更不应该让这样的想法留在你的心中，因为那是你神圣的寓所，心灵的圣地。

当我意识到这一点时，我决定在我的神圣寓所里只接待某些特定的客人，只容纳某些特定的想法和记忆。那些能让我的生活更美好，让我感到愉悦，帮助我解决问题，激励我实现目标，鼓舞我增进健康的“客人”才能进来。总之，只容纳让我感觉更好的想法。

从那时起，我决心不让任何情况夺走我内心的平静。例如，如果有人在高速公路上开车加塞到我车前，我不会让这种小事在我心中留痕，破坏我的好心情。我学会了一种方法，确保这些无关紧要的小事不会在我的心中久留。

净化心灵圣地的三个技巧

下面三个步骤可以帮助大家驱除那些扰乱生活的不良访客，帮助大家净化你的心灵圣地。

（1）观察。记录你的破坏性想法。观察你的负面想法，识别你的“痛苦”或认知扭曲，如“有小污点的人”“爱猜测的人”“绝对主义者”“宿命论者”“翻转望远镜的人”，并将它们一一写下。

当你感到不安时，先将你的想法记录下来，不必评判，也不用修改，只需忠实记录。

将想法记录在纸上而不是空想很重要，因为书写有助于理清思路，区分哪些是幻想和夸张，哪些是现实和基于事实的想法。

（2）质疑。分析这些想法是基于现实，还是基于幻想。如果你写下了一个绝对化的负面想法（“痛苦”），比如，我的孩子从不感恩，只会要求和索取。在这一步中，请你看着这张纸问自己：“真的‘从不’感恩吗，还是有时感恩？”如果你愿意，还可以写下孩子感谢过你，送你礼物或表达爱意的时刻。

（3）改变。用具有建设性的意义或视角替代这些负面想法。你可以控制自己的思想，而不要让思想控制你。想象一下，你的思想就像一台电视机，遥控器在你的手中。你可以选择频道，选择看恐怖片还是励志片。紧接着第二步，如果你已经写下了想法，比如孩子“从不感恩”，并在第二步“质疑”时发现他其实经常感谢你，那么现在是时候改变这种绝对化的想法，转而采用更客观的思维方式了：我的孩子很棒，他的态度不过是典型的青春期行为。他经常拥抱我，告诉我他爱我。他表现不好时，我可以提醒他，而不是把他的行为一概而论，让他觉得自己是个坏孩子。

你也可以列出孩子的所有优点，以及一些你可以更好地与孩子沟通的方式。至少花五分钟时间，思考如何改变这种负面想法，将其转化为你们双方的一种积极体验。你还可以感谢孩子的存在，感谢他的到来给你的生活带来的所有积极影响。

我想告诉你，我是如何通过实施这三个步骤来改变自己的。恐慌症发作时，我非常害怕，甚至害怕这种害怕。什么意思呢？我不敢走出家门，因为我害怕恐慌症发作会产生恐惧感。那时的我认知扭曲，有着“宿命论者”的想法。

于是每当我害怕出门时，我就拿出纸和笔，记录我的想法，只记录不判断。

首先，我进行观察。我多次观察到，当时的主要想法是：“要是”我独自开车时出事故，被困在路上怎么办？“要是”没人能帮助我怎么办？“要是”我迷路了怎么办？“要是”我引起交通事故怎么办？“要是”我一个人死在路上怎么办？写下这些问题后，我感觉好多了。在进行质疑的步骤之前，我已经开始理性地思考，认识到我写下的事情有多荒谬。

第二步是质疑。我写下符合逻辑的理由，来削弱上述想法的力量。例如，好几位医生已经做出诊断，说我的心脏没有任何问题，所以我不会突发心脏病死在街上。如果我感到头晕、不舒服，我就停车，坐下休息，这样即使晕倒了也不会摔跤。观察到像“要是没人能帮助我怎么办”这样的想法，我就对自己说：“总会有好心人帮你的，总会有的。如果我感到不适，有人会帮我打电话给我丈夫，有人会陪着我，总会有人帮忙的。”

最后是第三步，改变那些我质疑过的想法。我决定做一些肯定性的陈述，比如“我很坚强，我不孤单，我爱的人与我同在，人性本善，需要时有人会伸出援手”。

我还会做呼吸练习，并在我的脑海中预演，如果我感到不适时该如何处理。我们通常会对未知产生恐惧，大脑倾向于寻找熟悉的事物。于是我开始进行心理预演，在脑海中让事情按我希望发生的方式反复排练：我想象自己平静地开车，呼吸顺畅，如果感到不适也很清楚自己该怎么做。渐渐地，我开始重拾信心，鼓起勇气独自驾车外出，开始不再害怕恐惧。

回想你还在上学时，要做某个主题的展示汇报。如果对主题内容不熟悉，你就会东拉西扯，非常紧张，不知所措。但如果胸有成竹，准备好了展示内容的提纲，情况就完全不同了。生活中也是如此，如果我们没有让自己做好准备去掌控局面，局面最终就会掌控我们。一定要试着进行心理预演——在心中练习你要说的话，想象自己身处某个场景中，感到自在，表现很好。你会惊奇地发现，当你遇到你预演过的情况时，你会保持冷静，准确无误地知道自己该说什么，该做什么。你会重新训练你的思维，渐渐就能得心应手地应对些让你感到焦虑的情境。

为了拥有更好的感受，我们可以像进行力量训练一样来锻炼我们的大脑。当你第一次去健身房时，可能举三四次哑铃都觉得费劲，但随着不断练习，不仅会觉得越来越轻松，甚至还能逐渐增加重量，举三四十次哑铃都会毫不费力。

换句话说，练习能造就改变。如果你已经从负面角度思考了二十、三十或四十年，会需要一定的时间来清理，重新装修，构建一个美丽宜人的心灵寓所。只要给予足够的时间和耐心，你会逐渐看到变化。不要焦虑，不可懈怠，更不必急于求成。如果我，一个曾患有疑病症、幽闭恐惧症、恐慌症和抑郁症的人，都能够做到这一点，你一定也能做到，我向你保证。大脑是神奇的，你可以重塑思想，治愈自己，拥有更美好的生活。

> 大脑是一个奇妙的器官。尽管成年后不再长大，却一直在建立新的神经通路和连接。
>
> 大脑能训练自己，让情绪控制变得越来越容易。

“毒药水”还是“快乐水”？

你是否思考过思想是有形的？我曾认为思想无形，但我惊讶地发现，思想能够促使身体分泌特定的化学物质。每当恐惧的念头浮现，每当“恐怖分子”闯入你的“心灵圣地”，你的身体就会启动“油门”，分泌出一种导致疾病的“毒药水”，比如过量的肾上腺素和皮质醇。

这种毒药会渗透到你身体的每个系统——从心血管到消化系统，从神经系统到免疫系统，并可能引发结肠炎、胃炎、偏头痛、失眠、疲劳等疾病。

> 记住，幸福掌握在你自己手中。没人专门负责让你感觉良好，这就是为什么有人说：疯狂的定义，就是一再重复相同的事，却期待得到不同的结果。

幸运的是，思想同样也能带来积极影响。每当你大笑，产生积极想法，拥抱所爱的人，祈祷或冥想时，你的身体会分泌内啡肽、多巴胺、血清素和催产素，就像在生产“快乐水”，它们能够强化包括免疫系统在内的所有系统，让你感到愉悦。因此，思维不是抽象的，而是有形的。养成和保持平静、感恩、问题导向、目标导向的思维，能够促进体内积极的化学反应，增强你的健康和福祉。

要点回顾

◎ 你已经意识到与自己的对话最频繁，就应该关注自我对话。这并不意味着你不会再有负面想法，负面想法可能会不请自来，突然浮现在你的脑海中，我称之为“痛苦”：自动产生的负面思维。

◎ 在第 4 章中，我们探讨了如何应对强迫性负面思维，避免它们控制你的想法。在本章，我们学习了一种更直接的方法，即“观察、质疑、改变”法。

◎ 先观察你是否有下列“痛苦”或认知扭曲：“有小污点的人”“爱猜测的人”“绝对主义者”“宿命论者”“翻转望远镜的人”；接着对这些想法提出质疑，并将它们改变为更具建设性的想法。

◎ 思想是你“心灵的圣地”。不要挽留那些有毒的“客人”——有害的思想，它们会让你焦虑，夺走你内心的平静。

◎ 我们的思维模式会影响身体分泌化学物质和荷尔蒙。消极想法会制造“毒药水”，损害我们的健康。积极想法会制造“快乐水”，有益健康和幸福。

练习

观察、质疑、改变

观察。 写下最近让你感到压力的负面想法，识别它们属于哪一类“痛苦”（“有小污点的人”“爱猜测的人”“绝对主义者”“宿命论者”“翻转望远镜的人”）。

质疑。 对你刚刚写下的想法进行质疑。它们是真的吗？是否夸大其词？发生的可能性有多大？

改变。写下用来应对压力的新想法（更宽容的想法，多关注可能性和机会）。也可以记录下你如何在脑海中预演这些想法，用来完美应对各种情况。

第 7 章

情绪脑与理智脑的较量：谁主沉浮？

“愤怒之下，你的‘妙语连珠’会令你日后深感懊悔。”

——安布罗斯·比尔斯

冲动者必败

1997 年 6 月 28 日，一场备受瞩目的拳击比赛在迈克·泰森和伊万德·霍利菲尔德之间展开。比赛中，泰森发现自己屡屡处于下风，怒不可遏，他竟摘下护齿，咬住了霍利菲尔德的耳朵，并生生撕下一块肉。他的行为震惊了拳坛，也结束了泰森这位重量级拳王的职业生涯，这在一定程度上导致了他日后的破产。泰森是否会为此后悔，我不得而知，我只知道，任由愤怒和暴力支配的冲动者必败，世事一向如此。

让我问问你：你是否曾对人怒吼？你是否曾在一气之下给别人发送了电子邮件或微信，结果几分钟或几个小时后就感到后悔？你是否重读自己写的内容，疑惑自己为什么要发这些话？你是否因为言辞过激而不得不向人道歉？

几个小时前看似合理的话，为何之后重读时，却显得如此夸张或有失公允？这究竟是怎么回事？

想象一下，大脑是你的心灵之家，住着一位“家里的疯女人”——这是你的情绪脑，代表着原始、强烈的情绪化思维。前额叶的位置则是你的理智脑所在之地，代表着智慧与进化升级的思维方式。

> 当情绪来敲门时，你觉得谁会给它开门呢？情绪脑还是理智脑？

提到情绪脑，它确实是情绪的初筛。你感到愤怒，想要大吼大叫、咒骂、哭泣，而不会考虑这些行为或言语的后果，因为你觉得自己有权这样做，觉得自己是对的。换句话说，你是在做出反应，而不是在思考。就像泰森在那场比赛中的所作所为，他不假思索的行动毁掉了他的拳击生涯、名誉和财富。

随后，情绪会传递到你的执行脑。如果情绪脑与执行脑之间没有良好的通路连接，那么你可能需要几个小时或几天时间才能平复情绪，才能以更理性的视角看待问题。

如果这两个脑区能够有效连接，就能大大降低冲动和失控的可能。

这些信息对我们有何启示？关键在于，它们能让你明白，每当你感到愤怒，想“掐死”某人，想大声斥责时，最好的做法是什么都不做，因为“家里的疯女人”——情绪脑这时控制着你，而我们已经知道让她掌权会导致什么后果。

如果你有强烈的情绪表达需求，也不应该压抑，最好的方法是把这些感受写下来，得到释放，而不是沉浸其中，也不要发给任何人。你可以把写下的内容放在一边，等你冷静下来，理智脑开始运行时，再重新审视。你会发现，可能你会大改特改，或者干脆删除这些内容。

如果不愿意写下来，你还可以尝试跳舞、深呼吸、冲澡、散步等活动，这些都可以打破愤怒或压力循环，阻止你按照以往的愤怒模式行动，以免造成无可挽回的后果。

你的压力剧本

这是一个怎样的剧本呢？回答下列问题，一探究竟。

通常在感到愤怒或有压力时，你的思维模式是怎样的？请记录：

____

____

____

____

你的肌肉和下颚处于什么状态？

____

____

____

____

你的呼吸是深沉而放松，还是急促而短浅？

____

____

____

____

你的注意力集中在吸取教训、解决问题上，还是放在那些你无法改变的事情上？

____

____

____

____

现在，重读你的答案。这就是你让自己感到不安或愤怒的剧本，是一种固定的模式。要打破这种模式，就必须下定决心，做出重大改变，让大脑迅速摆脱这种状态。有时，当我发现自己开始感到压力或愤怒时，我会立刻转换心情，调整情绪，开始跳舞唱歌，我特别喜欢塞丽娅·克鲁兹的歌曲《生活就是一场狂欢》。许多时候，我最后都会笑出声来，成功跳出我的愤怒模式，甩开压力剧本，很快想通。

> 不要让情绪脑控制你的行为。记住：冲动者必败。

就像迈克·泰森一样，许多人因为情绪脑的驱使，做出错误的反应，导致葬送事业，比赛失利，生意失败，关系破裂甚至失去自由。多少人因为一时冲动而说错话，伤害人，事后懊悔不已。

在过去的十三年，我在尼加拉瓜制作并主持了一档名为“玛格丽塔，我要告诉你”的电视节目。这是一档社会节目，节目中的故事发人深省，为观众提供了宝贵的人生启示。我经常采访监狱里的犯人，包括因毒品走私、杀人、强奸、抢劫而服刑的罪犯，甚至采访过一个连环杀手。我注意到：那些因杀人而被判刑的人，通常只犯过一次杀人罪，他们的过失往往发生在激烈的争执中。其中只有一个是连环杀手，只有他的犯罪是有预谋的。许多杀人犯对自己的行为深感懊悔："我当时失去了理智""我没控制住自己""我被愤怒冲昏了头脑"，这些都是他们常见的说法。在他们行凶的几个小时后，他们常常会问自己："我做了什么？""我在想什么？""怎么会这样？"

他们都是在情绪脑的控制下做出了行动，而当他们的理智脑接管时，一切都为时已晚。

我知道你不会去杀人，但想想吧，我们有多少次因为言语而伤害他人，之后又深感后悔。或者，我们做出了多少让自己后悔的反应，破坏关系，搞砸生意，丢掉工作，输掉重要的比赛，甚至伤害我们的孩子。

构建情绪脑与理智脑之间的高效通路

想象一下，如果你的情绪脑和理智脑之间没有直接的快速通道，只有一条崎岖不平的小路，那么情绪的传递就会非常缓慢，无法在短时间内到达理智脑。

好消息是，每次练习控制内心对话时，就是在修缮这条“高速公路”。随着时间的推移，你会发现，当不再被愤怒或挫败的情绪所困时，当你打破固定模式，扔掉愤怒的剧本时，你内心的对话将不再怒火冲天，而是变成了灭火的甘霖。这条崎岖的小路会变得越来越平坦，甚至可能被扩建成一条宽阔的高速公路，直通理智脑。一旦这两个脑区更好地连接，你会发现，过去困扰你的事情都不再是问题，现在任何人、任何事都很难再夺走你内心的平静。

当你建成那条完美连接情绪脑和理智脑的高速公路时，你的反应将截然不同，你会感到自己掌控了局面，很多时候，他人的冒犯和恶意再也无法影响到你。

请永远记住：棍棒和石头可能会伤害你，而言语不会。他人的话语或态度，只有在你觉得它们重要时，才会真正伤害到你。

2014 年，巴西足球运动员达尼·阿尔维斯在比赛中吃香蕉的画面传遍了全世界，在这里，阿尔维斯用智慧把种族歧视的负面行为转变为积极行动。

当时比赛进行到第七十五分钟时，开角球之前，一名种族主义球迷向皮肤黝黑的阿尔维斯投掷香蕉。面对侮辱，阿尔维斯没有生气，而是淡定地捡起香蕉，吃掉了它。人们问他，当时看到香蕉想到了什么？达尼·阿尔维斯的回答充满智慧："我想到香蕉能补充钾！"这就是他的回答，真是太棒了！这说明我们完全可以给每个情境赋予我们想要的意义。被扔香蕉时，他没有去想："真是奇耻大辱！太不尊重人了！"没有让侮辱性的想法控制自己的情绪，而是选择了积极的态度："太好了，香蕉能补充钾元素！"这种正能量帮助他在比赛中继续出色发挥，最终进球。

另一个例子是在好莱坞大获成功的墨西哥女演员萨尔玛·海耶克。尽管许多人因为她的英语口音而质疑她，但她始终将其视为自己的优势和特色。面对同样的挑战，有人看到障碍，有人看到机遇，我们的感受始终取决于我们的选择。

> 常怀怜悯之心。如果有人态度不好，只说明他们有创伤，有问题，情商低。记住：别把自己平静幸福的钥匙交到别人手中。

当有人试图冒犯你时，不要让外界的负面声音变成你内心的（头脑中的）声音。记住，你的大脑是意义制造机，完全由你掌控。与其对自己说："这个人真讨厌，这个倒霉蛋故意惹我，他以为自己是谁，羞辱我，伤害我！”不如这样想：这个可怜的人总是生气，一定是经历过什么痛苦……谁知道他是怎么回事，但我不会让他的愤怒影响到我，一分钟也不行。把那些负面的声音都赶走！

把“恐怖分子 Y-SI（要是……）”——负面想法赶出你的心灵圣地，也不要让他人有毒的言语或态度进入你的脑海来伤害你。不要去纠结负面想法，同样，也必须学会不让自己被他人的负面情绪所影响。

危机时刻，保持理智脑在线

越是在烦恼、焦虑和紧张的时候，你越需要保持冷静。拿破仑曾说过："别着急，慢慢替我着衣，我要赶时间。"这句话很妙。

当你感到紧张时，你的执行大脑，也就是你的理智脑会停止运行。而紧张情绪下的反应往往会导致更严重的问题。

例如，一家人准备出门旅行，他们从家里出发去机场时已经晚了。由于出门磨磨蹭蹭，气氛变得非常紧张，父母开始大声争吵，互相指责："都怪你，我们总是迟到！""我跟你说过了要早点起床！"在争吵和焦虑中，全家人打上车，匆匆赶往机场，还要求出租车司机开得越快越好，这就增加了交通事故的风险。而争吵并没有停止，不论是下车时，办理登机手续时，还是排队时，他们都在继续相互指责。到了航空公司柜台，他们被要求出示护照。翻遍了每个包和外套后，才发现护照忘在家里了。

已经没有时间回家拿护照再赶回机场了，正值旅游旺季，改签也没有票了，只能取消假期。多么令人遗憾啊！愤怒让人停止思考，做出错误反应。愤怒导致情绪脑过于亢奋，理智脑宕机，人们因此错过了许多美好时光！

如果这一家人在出发前冷静下来深呼吸，互相安慰："冷静一下，我们都太焦虑了。你去叫出租车，我来检查一下行李，确保没有忘带重要的东西”。时间是有些紧张，但他们至少会带上护照，也可能会赶上航班，按计划开始享受假期。

在我写到这一章时，我的丈夫感染了新冠病毒，昨晚情况非常糟糕。他五十七岁了，还患有高血压。傍晚时分，他开始剧烈咳嗽，呼吸异常，我决定测测他的血氧饱和度，结果发现降到了 90，当时我们就决定去急诊室。我不能否认，当时“痛苦”——自动产生的负面思想就涌上了心头。他是我的丈夫，我的伴侣，我最好的朋友，如果他死了，我该怎么办？我的思绪开始围绕这个念头打转，也就是开始投喂那只停在我头上的不祥之鸟。

> 在恐慌发作之前，请记住，你想象中的负面事情 95% 都不会发生。如果危险迫在眉睫（比如心脏病发作），你就更应该保持冷静，深呼吸并使用你的理智脑。因为如果我们在情绪脑的指挥下行事，就会把坏事变得更糟糕，发生意外、毁掉假期、在关键时刻做出非常错误的决定。

我开着车，他就坐在副驾驶座，胸腔发出奇怪的声音。我深呼吸、祈祷了一下，决定不去想负面的事情。夜深了，我开着车，真是让人神经紧张，许多事故都是在去医院的路上发生的，因为驾驶员已经把大脑的控制权交给了情绪脑。因此，我冷静下来，集中精神开车，终于安全到达了急诊室。我进不去，一晚上只能通过手机陪伴他，每三十分钟左右通一次电话。他的情况稳定下来了，接受了雾化治疗，注射了可的松和其他静脉注射药物，做了肺部 X 光检查。凌晨五点，他终于走出了急诊室，呼吸也顺畅多了。

你能想象如果我当时变得歇斯底里、紧张不安会怎样吗？如果我当时打电话给大女儿会怎样？她和我们不住在一起，只能吵醒她，让她干着急。如果让小儿子看到我惊慌失措的样子又会怎样？冷静，永远保持冷静！

你知道吗？宇航员接受的首要训练就是保持冷静。在太空中，如果从理智脑切换到情绪脑，就可能因为恐慌焦虑而做出错误的决定，按下错误的按钮，造成巨大灾难。

回到我之前提到的拿破仑的那句名言：“别着急，慢慢替我着衣，我要赶时间。”我非常赞同他想表达的意思：越紧迫的时候，越需要保持冷静，因为压力之下没有犯错或做出错误决定的空间。

我想分享一个我被情绪脑“劫持”的故事。我当时几乎丧失了思考能力，这正是紧张和情绪脑主导时的典型反应。

故事发生在 2019 年，我和丈夫带着孩子们一起去尼加拉瓜旅行，我们住在我婆婆位于首都马那瓜的家中。一位女士来家里给我做治疗，我认识她很多年了，她专业又友好，但也很容易紧张焦虑。

有一次她告诉我，她儿子曾多次邀请她去美国探亲，但她一想到坐飞机就害怕。被关在封闭的机舱环境里让她感到非常焦虑，所以她一直都没有去。这引起了我的共鸣，我也有过幽闭恐惧症和类似的焦虑症状，看到有人遭受这样的痛苦，我感同身受。

我们一进电梯，她就紧紧抓住我的肩膀，说话声音都在发抖："我们为什么要坐电梯？我们应该走楼梯！"她的恐惧迅速传染给我，虽然电梯并无异常，我也不禁感到有些紧张。

这部电梯需要输入密码才能启动运行。我输入了密码，但屏幕显示错误。我深吸一口气，再次输入密码，结果依旧错误。她惊慌地看着我，问我发生了什么。我尽力保持镇定，告诉她："冷静点，深呼吸，密码错了。"她突然尖叫起来，开始拍打电梯轿壁。在这个狭小的空间里，她惊恐地哭喊："快把我们弄出去，我们要死了，我不能呼吸了，怎么会这样！"

我也开始变得紧张了。"家里的疯女人"——负面想法警告我：她可能会心脏病发作，呼吸骤停，至少会晕倒。我心想：完了，她要死了，都怪我记错了密码。我颤抖着拿出手机，试图打电话求救，结果发现没有信号。我的手机是美国号码，她的手机是尼加拉瓜的，于是我换她的手机试了试，同样没有信号。我们按了好几次电梯报警按钮，也没有人回应。她继续哭喊，说自己要死了。我尽力让她冷静下来，深呼吸、坐下，但她根本听不进去。我们就这样被困了大约十五分钟，特别漫长的十五分钟，直到终于有人按了电梯，这才打开门，我们得以逃脱。

到我婆婆家后，我们给她喝了洋甘菊茶，试图让她平静下来。这时，我十三岁的儿子亚历杭德罗过来询问情况，我向他解释了事情经过。他问："妈妈，你们在几楼？"我回答："在一楼。"他问："那你为什么不按开门按钮？"我愣住了，难以置信自己竟然忽略了这么明显的解决办法：我只需要按一下按钮，电梯就会开门，因为我们在一楼。当时看到她又哭又闹，我变得很紧张，加上本身对封闭空间的恐惧，我的理智脑停止了运转。显而易见的解决办法摆在我面前，我却视而不见。

这种情况其实很常见。如前所述，当我们焦虑不安时，理智脑就会“宕机”，我们就会犯我在电梯里的那种低级错误，甚至更严重。

我多次听到溺水事故的新闻，令我印象深刻的是，受害者往往不不止一人。因为当一个人溺水时，另一个人会跳下水试图救援，而溺水者在恐慌中行为不受控制，也可能导致那个试图救他的好心人丧命。你可能会问，哪个理智的人会淹死自己的救命恩人？这正是我刚才解释的情况。当一个人处于恐慌状态时，不会用理智脑——进化的大脑去思考，因为他的理性思维“宕机”，失去了思考能力。

愤怒时该怎么做？

你可能听说过一个术语：神经可塑性，用来描述神经元再生和建立新连接的能力。虽然成年人的大脑体积不会增大，却拥有改变自我、开辟新神经通路的潜力，甚至能够建成一条将情绪脑与理智脑紧密相连的“神奇高速公路”。

在愤怒时选择沉默，在恐慌中保持镇定，第一次绝非易事。然而，每次你成功做到这一点，都是对神经可塑性的一次锻炼，你会逐渐完善神经连接，大脑的“高速公路”逐渐被“修缮”，曾经让你失控的情境将不再对你产生影响。

以下是一些在愤怒或恐慌时能够助你一臂之力的技巧。通过运用这些技巧，你可以保持冷静，激活理智脑，“修缮”你的神经连接。

（1）深呼吸。持续进行腹式呼吸练习，吸气时腹部隆起。你的大脑消耗了你吸入氧气的百分之二十，身体会将氧气优先用于维持生命的基本功能，之后才会供氧给更复杂的功能，如保持专注和冷静。如果呼吸不当，大脑就会缺氧，从而感到更加焦虑、生气、困惑，甚至抑郁。记住：按照我在第 5 章中教你的那样，用鼻子深深吸气，腹部鼓起，心中反复默念一句话，比如“内心平静，内心平静”。每次吸气时，在心中重复这句话。屏住呼吸三秒钟，然后用嘴呼气，同时默念“放松”，释放肌肉中所有的紧张。重复五次，你就能平静下来。

（2）釜底抽薪，而非火上浇油。情绪如火花，在你的边缘系统中游走，你的内心对话决定了是往火花上浇水还是浇油。回想我昨晚送丈夫去医院的经历，火花被点燃：如果他死了怎么办？如果他受苦怎么办？我立刻通过内心对话开始给火花浇水：“深呼吸，玛格丽塔，身体数据对我们有利。亚历杭德罗会好起来的，他不抽烟，不喝酒，爱运动，健康的生活习惯会保护他。我们正在前往医院，一家很好的医院，一定会治好他。深呼吸！”就这样，我花了几分钟时间安慰自己，直到冷静下来。

火上浇水，可以防止火花变成熊熊大火。但如果我用内心对话为火上浇油，结果会如何？比如我想：天哪，“要是”他死了怎么办？“要是”他们把他一个人留在医院给他插管怎么办？要是他不得不离开家人，孤独死去怎么办？这是多么痛苦的场景，我迫切想见到他，却无能为力！我该怎么办？我的孩子们也会很痛苦！

你能想象吗？我会惊慌失措，这对我没有任何帮助，我将无法冷静驾驶，去医院的路上就可能出交通事故。也会由于紧张，肾上腺素和皮质醇激增而伤害身体。实际上我的丈夫今天醒来后感觉好多了，不咳嗽也不发烧了，正在逐渐康复。

（3）考虑长远。当我做出愤怒的反应或者即将说出刻薄的话时，下面的应对方式对我帮助很大：“长远来看，我希望实现什么目标？不是现在，而是长期。”假设你有一个十几岁的孩子，你已经多次提醒他出门前要整理好自己的房间。然而，当你走进他的房间时，却发现一片狼藉。此时你的内心火花“噼啪”四溅，你给他打电话，想大声骂他：“你这个懒鬼，不听话，不做事，真是个大懒虫！”你甚至可能会说出更严重的侮辱的话。而当你的理智脑重新控制思想时，你会对此感到后悔。

> 对孩子、对客户、对伴侣、对亲爱的人们，不管怎样，时刻考虑自己的长远目标。什么更重要？发泄怒火还是培养感情？培养孩子还是伤害孩子？

我相信你肯定有失控的时候，对孩子大喊大叫过，而且知道这并不管用。下次，试着按照我在第一点中提到的方法，先深呼吸，然后问自己：“从长远来看，我希望孩子成为什么样的人？”是今天为了发泄怒气责骂他更重要，还是培养他的良好习惯，保护他的自尊更重要？如果需要，可以把你的想法记录下来，思考更有效的沟通方式，帮助你实现对孩子的长远期望。比如，“我要保持冷静，打电话让他回家。他得把房间收拾干净才能出门。他是个非常能干的孩子，我爱他。”请记住，当你大声斥责时，你并不是在培养孩子，而是在伤害他，还无意中教会他用暴力沟通应对问题。

乐观主义者真的不切实际吗？

“悲观主义者在每个机会中看到困难，

而乐观主义者在每个困难中看到机会。”

——温斯顿·丘吉尔

常有人批评积极乐观的人，认为他们不切实际，不接地气，忽视现实问题。其实乐观并不意味对现实视而不见。假设一位企业家总是自欺欺人地说“没有竞争”，最后竞争对手无疑会抢走他所有的客户。真正的乐观积极，是享受工作，与团队合作，始终关注客户需求，防止客户流失。如果你意识到客户有其他选择，你就会知道竞争对手的存在，必须采取必要的措施来维护你的业务。同样，如果客户离你而去，你也应该努力挽回，或从中吸取教训，避免更多的客户流失。关键在于，既要认识到竞争的现实，又要采取措施保护自己的业务，同时不要让危机感夺走你的工作热情和乐趣。

还记得我们讨论过，大脑是意义制造机。一个人如何解读周围的世界，倾向用积极的方式还是消极的方式，就是我们所说的解释风格。紧张愤怒的人往往采取悲观的解释风格，而冷静积极的人则倾向于乐观的解释风格。

以看待装了一半水的水杯为例。杯子和水是一样的，悲观主义者看到杯子空了一半，而乐观主义者看到杯子装满了一半。

“乐观”一词来自拉丁语“optimum”，意为最佳。乐观主义者在任何情况下都能看到最佳方案。

2020 年，新冠疫情期间，我们见证了许多乐观主义者的行动，他们在困境中寻找最佳方案。例如，我们网络大学的一些校友开创了让人意想不到的生意，比如口罩香薰疗法，能帮助大家放松和更好地呼吸。还有一家美容沙龙，提供专业染发师上门服务。他们保持距离观察客人，调配定制发色，戴着手套交货，这样客人就可以自己染发了。实体店关门，企业家们转向电商，盈利更甚从前。无疑，“有人哭，就有人卖手绢”。

《学习乐观》一书的作者马丁·赛利格曼在二十年间，采访了超过 35 万位名人，了解他们的想法。他发现，成功人士共同的优点就是乐观。

> 许多研究表明，乐观主义者生活更健康、更成功、更长寿，遭受的痛苦和压力更少，睡眠质量更高，免疫力更强。乐观好处多多，意义非凡。

还记得前面几章的内容吗？不如放下偏执，去相信整个世界在密谋策划让你更成功和更快乐。这是多么美妙的想法，你的人生只活一次，由你决定如何度过！

最快乐、最平静、最健康的人往往会从积极的角度看待一切，将其视为一堂课、一个机会甚至一种祝福。

举个例子，假如你和一个非常讨厌又麻烦的人共事，他可能是受过某种创伤。如果采用悲观的解释风格，你的内心对话可能是："某某和我对着干，他恨我、羞辱我、不尊重我，肯定是想让我被解雇。"你会觉得很生气。

如果采用乐观的解释风格，那么你的内心对话很可能是这样的："某某受过伤害，认识他是我成长的礼物。因为和他打交道，我能把关于情商和同理心的知识用于实践。他让我意识到，我不了解别人的内心想法，更无法设身处地地了解他们面临的问题。"你会发现，通过这种更有同理心、更积极的解释风格，你会对人产生慈悲之心，这就是内心对话和解释风格的力量。

> "你心态积极，生活就不可能消极。"
>
> ——乔伊斯·梅尔

生活中的挑战往往是不可避免的，我们都会面临考验和困难，然而大多数时候，我们可以选择是否要去承受痛苦。是否痛苦通常始于我们的感受，也就是如何解读生活中发生的事。

如果有人撞了你的新车，你可以选择大喊大叫，愤怒争吵，但这样并不能把车修好。同样，你可以感到生活不幸，运气不佳，一切都不顺。或者你也可以想：幸好我没受伤！车可以修好，而且我买了保险，要不是现在撞车，没准儿还会发生更大的事故，这个小事故帮我消灾了。这就是乐观的力量！每当我遇到问题时，我都选择相信自己受到了保护，避免了更糟的事情发生。

前几天，我女儿打电话给我，说她的车被拖走了。因为她无意中把车停在了消防栓旁边，结果被拖车拖走了。显然，没有人会因为车被拖走而感到高兴，但我们可以选择不让这件麻烦事毁掉自己的一天，而是努力看到其中的积极面。就这样，我赶去接她，取车的路上我们聊到一切都是最好的安排。“万一你遭遇车祸呢，也许会碰到更糟糕的情况，他们拖走你的车说不定是保护你呢。”我们顺利地取了车，正常度过接下来的一天。也就是说，选择权在你：可以悲观地认为自己运气不好，觉得坏事总是找上倒霉的你。但问题是，这种态度能解决问题吗？不能！会让你感觉更好吗？我看也未必！怎么想完全是你的选择。

如果一切都与你息息相关，为何不积极一点，相信发生在你身上的每一件事都是为了你好。你花在悲观、担忧和压力上的时间，与你花在乐观、寻找生活中的每件事给你带来的希望或教训的时间是一样的，但结果却截然不同。我多希望自己在青少年时期就能明白这一点！十八九岁时我曾被人持刀抢劫，当街抢走了一台相机。后来我又遭遇了一次抢劫，劫匪用枪指着我的脑袋，抢走了我和我姐的车。还有一次，在市中心，我想给一个大约十二岁的孩子拿块巧克力，他却用刀抵着我的脸，抢走了我的钱包和一块不值钱的手表。幸运的是，我每次都没有反抗，没有受伤，只是遭受了物质损失，这些损失不值一提。尽管当时城市安全形势严峻，但朋友们都说，像我这样遭遇多次抢劫的情况也很少见。

大约十五年后，婚后的我住在尼加拉瓜，决定在我的电视节目中做一期关于“小偷教我们如何保护自己”的节目。我与那些在蒂皮塔帕监狱里因盗窃而被拘禁的年轻人交谈，惊讶地发现了自己在麦德林时会频繁遭遇抢劫的原因。

下面是我与其中一位盗窃犯的对话。

我：你们如何选择抢劫目标？

他：谁比我弱我就选谁，或者选带“奖品”的人。通常，我会找那些不太爱运动的女性或老年人。

我：带“奖品”是什么意思？

他：就是包里有钱或者有贵重物品。

我：你是怎么判断的？

他：很简单！带“奖品”的人会很紧张，她们东张西望，包紧紧夹在胳膊下，还用另一只手抓着。没有“奖品”的人则很淡定，不害怕。

那一刻，我明白了为什么我总被抢。正如大家所知，我总是紧张兮兮的，担惊受怕，心里充满了“要是Y-SI”的悲观假设：要是我被抢了，要是我被杀了，要是……我的肢体语言可能一直在告诉小偷：“我带了奖品。”尽管我几乎从不带贵重物品出门。我不喜欢佩戴珠宝首饰，也不常带很多现金，但还是“吸引”了小偷。

我还记得被抢相机那次，相机装在我的背包里，并不显眼。我走在离大学很近的一条街上，多少人背着包走过，可能只是装了书，可能有上百人吧。那为什么被抢劫的人是我呢？因为我一直在四处张望，“家里的疯女人”——情绪脑让我胡思乱想，紧张不已。

我们可以从很多角度来理解，但乐观生活，放下偏执，不仅能让你感到快乐，还能保护你，让你远离消极和危险。

要点回顾

◎ 当你做出愤怒或失控的反应时，实际上是在受情绪脑支配，而不是进化过的理性脑。受情绪脑支配可能导致你事后后悔，因为当情绪传递到理性脑时，你会意识到自己反应过激，伤害了他人，或放大了问题。总之，你没有做出最佳反应。

◎ 有三个步骤可以帮助你避免受情绪脑驱动：①练习腹式呼吸。②注意内心对话，避免给脑海中的情绪“小火花”火上浇油。③考虑你的长期目标。冲动反应能在短期内帮助你释放情绪，但长远来看，往往会给你的关系造成伤害，可能让你失去客户，搞垮生意，伤害家人，等等，因此务必要从长计议。

◎ 感受压力的方式是有固定模式的：你的思维方式、行为模式都在遵循一个压力剧本。学会通过大喊、跳跃、大笑或跳舞来打破这个剧本的桎梏，换句话说，做一些出乎意料的积极行动，打破你的压力模式。

◎ 乐观并不等同于不切实际。乐观意味着你意识到了潜在的风险，也会谨慎采取措施加以防范，不让风险破坏你平和的心态。总是选择看到事情好的一面，而不是沉溺于悲观消极的现实之中。

练习

建议你不要打字。这个练习我称之为“从云端思绪落到纸面文字”，这样能够更清晰地进行逻辑分析，理解你的问题，从而找到最佳解决方案。

首先，列出所有让你感到焦虑的事情，分两栏，一栏写“幻想”，另一栏写“现实”。在“幻想”一栏记录下你在焦虑、恐慌或愤怒时脑海中浮现的所有想法。这些想法缺乏事实依据，无法从逻辑上证明事情会按你想象的发生。

在“现实”一栏记录下事情的真实情况，不要夸张，也不要假设“要是……会怎样”。只需描述事实，描述你眼前有证据支持的事。

举个例子，如果我当时送我丈夫去医院时做这个练习，在“幻想”一栏中我可能会写：

» 他快要死了。

» 我可怜的孩子们会很痛苦。

» 医生会给他插管，他孤零零躺在病房里。

» 今后我将孤独终老。

» 如果他真的死了，我会崩溃的。

总之，这些都是毫无根据的幻想。

在“现实”一栏我可能会写：

» 我丈夫感染了新冠病毒，目前正在康复中。

» 医生会评估他的病情。

» 我应该集中精力，保持冷静。

» 我们有很好的医疗保险，他会获得一流的治疗。

» 科学家在对抗病毒方面已经取得了长足进步，各项数据显示他有很大的生存概率，他一定会平安渡过难关。

现在请描述一个让你感到压力或焦虑的具体情境。

____

____

____

____

幻想	现实
________________	________________
________________	________________
________________	________________
________________	________________
________________	________________
________________	________________
________________	________________
________________	________________
________________	________________

采用乐观的解释风格。这对你的生活有何益处？它教会了你什么？是否让你变得更坚强？你能否找到积极的一面？

如果问题有解决办法，写下你可以采取的三项行动来解决问题（记住，只关注你能掌控的部分）。

如果问题没有解决办法，写下你从中学到的教训，或者写下它如何让你变得更坚强。

第 8 章

建立健康的人际关系

“如果你和你自己的关系是有毒的，那么其他所有糟糕的人际关系都发源于此。”

我想用这句话开启这一章，因为我认为它充满了力量。当我们处于一段失衡的关系中时，就像是和舞伴在跳不协调的“舞蹈”。聚会上有人邀你共舞，你若拒绝，就不会加入舞蹈。同理，争吵、怨恨以及与不合拍的人勉强共舞，要想改善，就需要我们开始努力。不过，不是在对方身上努力，而是从自身做起。

现在，来看看积极的一面：当你改变时，一切都会随之改变。

一旦你踏上自我疗愈的道路，人际关系就会逐渐得到改善。很多时候，你会自然而然地远离那些不健康的人际关系，它们不适合你的新思维、新生活。

在生活中，我总结了一些关于如何构建更健康人际关系的原则。它们对我来说非常宝贵，对我的家人和爱人，以及所有想要自我疗愈、自我提升的人都有很大的帮助，我很乐意与大家分享。

我有权说不

因为工作的关系，我经常坐飞机飞到不同的城市，举办演讲，也因此结识了很多优秀的人。在过去的二十七年里，我已经积累了数不清的飞行里程，坐了太多次飞机，但每次我都会为起飞前安全指示中蕴含的智慧所折服，“如果客舱失压，氧气面罩会自动降落在您面前”。在讲解氧气面罩的使用方法后，乘务员总会加上一句：“请您先确保自己佩戴好氧气面罩，再去帮助他人。”

太有道理了！简直是常识中的常识！你能想象自己在缺氧的状态下，面色发紫，呼吸困难，头晕目眩，还要尝试去帮助他人戴上氧气面罩吗，你们可能都会有生命危险。首先要照顾好自己，才有能力去帮助别人。自己都未曾拥有，就无法付出，这就是为什么如果你想获得平静，就必须先在自己的内心寻求平静。你想体验真正的幸福，就得先让自己幸福感满满！幸福并非依靠他人施舍，而是源自你的内心，取决于你内心的对话，你赋予事物的意义，和你对周围世界的看法。

经常听到父母对孩子说：“去帮帮阿姨，不要不懂礼貌。”“你必须去参加你表哥的聚会，大家都等着你呢。”虽然关心和支持别人是一种美德，但我也注意到很多人在面对这种情况时，很难说

“不”，因为从小我们被灌输的思想就是要顺从，“不可以说不”。

我曾有过这样的经历。

我的一个姑姑在迈阿密开了一家服装店，某个周六下午她有事，就让我去帮忙看店，我当然答应了她。问题是，我早就已经和朋友约好周末去海边玩耍，朋友都已经换好泳衣在等我了。老实说，我真的很想去海边。

当时我 22 岁，正处于一个非常依赖别人的阶段。我一直纠结怎么告诉朋友我不能陪她去海边了，我的心里充满了愧疚和沮丧，不知道什么时候，我才有机会去海边。

我拖了很久才通知朋友，这是让她最恼火的地方。她说：“要是你早点告诉我，我还可以找别人一起去啊。”那天我姑姑的店只来了一个顾客，而且什么都没买。我气坏了，也不知道生谁的气，整个下午都在怨天尤人。实际上，这一切都不是别人的错，我只是不知道如何拒绝别人，还指望别人能理解我的心意。其实，当时我只需要简单地告诉姑姑：“姑姑，我很爱你，但我已经有其他的计划了。”这样就可以解决问题。说起来容易，但不是每个人都能做到。

我再来讲一个故事——我相信类似的情况每天都发生在我们身边。希望你们听完后，回答一个非常重要的问题，好吗？

一对夫妇带着三个孩子，在朋友家的农场里玩了一整天。丈夫喝了不少酒，已经有点醉了。快晚上十一点了，一个孩子累了，哭个不停，两个小妹妹已经在角落里睡着了。妈妈让爸爸回家，说已经很晚了，孩子们也累了，而爸爸坚持要再喝几杯。午夜时分，在妻子的坚持和朋友的劝说下，他才终于答应回家。他们把孩子们一一安置到车里，系好安全带。妻子说："让我开车吧。"但丈夫用坚定甚至有点咄咄逼人的语气说："我已经说了好几遍了，我没问题，我来开车！"朋友们也劝说道："伙计，让她来开吧，你已经喝太多了。"丈夫拒绝了，坐上了驾驶座。妻子坐在副驾驶位，系好安全带，准备出发回家。丈夫表示自己累了，想快点到家，于是猛踩油门加速。妻子几乎是含泪恳求他减速，因为他已经喝醉了，这样做太危险了，结果反而激怒了他，车子开得更快了。妻子只能不说话，开始默默祈祷。就这样，他们心惊肉跳地开过一个个弯道，幸好最后平安无事地到家了。

这样的情况发生过不止一次，谁也不知道下次会不会酿成悲剧。

问题来了，而且非常重要：在这件事中，谁更不理智？是酒后驾车的丈夫（我并不是在为他辩护），还是那个清醒的妻子？她选择和醉汉司机一同上路，还把自己的三个孩子也带上车。

请你思考一下。

你可能会同意我的观点，这位妈妈应该直接说"不"。可悲的是，这样的故事每天都在发生，有时是因为暴力的威胁，但更多的是因为依赖心理，以及害怕拒绝。指责他人很容易，比如，第二天她可以对丈夫喊："你怎么能这样！你差点害死我们，醉醺醺的，还那么凶！"如果这位妻子是我的朋友，我会建议她："不要试图改变他，你要改变你自己。"这话听起来可能有点直接，但如果一个人有主见，懂得设限，就能避免很多问题。要设定有爱的界限，例如，她可以说：“胡安，朋友们留我们在农场过夜，我们留下吧，我绝对不会带着孩子们和你一起坐车回家，你醉了，不能开车，这没得商量！”显然，在这种情况下，最重要的是设法阻止醉酒者开车上路，她应当抢走车钥匙。如果无法阻止醉汉，至少让他自己一个人开车回去，而不是带着三个孩子一起上路。

指责他人时，我们关注的是我们无法控制的对象：对方。如果你感觉自己和“舞伴”的步法并不和谐，你并不孤单，我们每个人都有需要治愈的地方。如果只是等待他人改变，感到痛苦的只有自己，而一切也会照旧，生活没有变化，我们还是“受害者”。

比如，“我的老板很粗鲁。”你有几种选择：(1)和他沟通，告诉他你无法接受他不尊重人的行为；(2)另谋高就；(3)管理好自己的情绪，对他的言语“左耳进右耳出”。注意，这些有益的选项都与你自己的行动相关，而非老板的行为。期待老板改变并不是你能控制的事，越早接受这一点，你就会越快乐。

再比如，“我已经成年了，但妈妈还在控制我。”谁会喜欢自己被控制呢？你可以设立一个有爱的界限，比如，“妈妈，我知道你不喜欢我的裙子，但我喜欢，我今天想穿，谢谢你给我的意见。”

仔细想想你做的事，有多少是因为你想做，因为你觉得值得，又有多少是因为你觉得不得不做？你是不是一直付出，总把自己的需求放在最后？别人夸你，你是不是立刻谦虚地回应。比如，朋友说："嘿，你穿这件衬衫真好看！"你忙不迭说："这是件旧衣服。哪里哪里，还是你的更漂亮。"

1.有爱的界限

现在有人夸我时，我会表示感谢并接受。若有人提出让我做不愿做的事，我会平静地予以回绝。如果对方因此生气，那是他们自己的情绪问题，需要自己去消化和解决。你可能觉得我的观点有些无情，让你感到不习惯，不自在。但请记住，我们都有权表达自己的真实感受。不愿意就是不愿意，愿意就是愿意。

以下建议能帮助你在拒绝他人时更加从容。在人际交往中，10% 取决于我说的内容，90% 取决于我如何表达，因此，我借用了匿名戒酒家庭互助会的[①]一句话："设立有爱的界限。"关键不在于你说了什么，而在于你说话的方式。我在设立界限吗？是的。但我有必要气呼呼地设限吗？没有必要，我可以坚定地设下有爱的界限。

举个例子。我和丈夫要去尼加拉瓜处理工作，打算周末休息。几位朋友邀请我们去他们海边的家里参加派对，周六周日留下过夜。我回复道："朋友们，感谢你们的盛情邀请，你们真是我特别好的朋友，我明白你们的心意。不过我已经连续出差好几周了，在马那瓜我只想宅着，在家放松，和家人、宠物共度时光。"你看，我婉拒了邀请，但并未显得冷漠无礼。你有权说"不"。我敢

① Familia Al-Anon 是一个国际互助组织，旨在帮助那些因酗酒者相关问题而面临困扰的家庭成员和朋友。——译者注

说，每次你违心说“好”时，其实都在生气。自己不开心，还期待别人感谢你，可他们并没有要求你做出牺牲，你却期望别人能读懂你的心思。

2.运用自信沟通的公式

如果你觉得设立界限有难度，以下两个公式有助你自信地表达。

建立互动关系有三种方法。

进攻式。你认为自己重要，而对方不重要。

被动式。你认为对方重要，而自己不重要。

肯定式。你认为双方都重要，并以尊重、关爱的态度传达自己的想法和需求。

这两个公式将帮助你设立有爱且清晰的界限。在面对令人不适的对话时，能让你显得既不咄咄逼人，也不消极妥协，同时保护自己的需求。

公式 1

这个公式非常有效，因为你不会去评判对方，也不会给对方贴上“大嗓门”或“八卦爱好者”这样的负面标签。只需谈论自己的感受，明确表达你的需求或想法。

公式如下：

当你________________________________时，

我感到________________________________。

我需要 / 我希望能__________________________。

例如：

当你对我大喊大叫时，

我感到很不舒服。

我希望你能用尊重的语气和我说话。

当你没问过我就借我的衣服穿时，

我感到很不悦。

我需要你从我衣柜里借用东西之前，先征得我的同意。

当你不参与做家务时，

我感到很疲惫，也感到被忽视。

我希望我们能分担家务，因为家是我们两个人的，我们都在为家庭付出。

公式 2

这个公式能帮助你在别人有困难时，既表现出同情心，又设立界限并表达明确的立场。

公式如下：

我理解 / 我明白____________________，

但重要的是____________________。

例如：

我理解你有很多问题要面对，

但重要的是请不要对我大喊大叫，把情绪发泄在我身上。

我理解你仍然在哀悼两个月前去世的母亲，

但重要的是如果你无法履行承诺，请务必提前告知，以免影响我们与客户的关系。

我理解你放学回家很累，

但重要的是你要像家人一样，承担家里的责任。

表达你的需求或想法

人们无法未卜先知，也无法通过水晶球洞察你的心思，了解你的期望。当我刚开始和现在的丈夫交往时，有一次和他生气是因为他在我生日那天没有送花或小礼物。那天他带我出去吃午饭，还给我钱。当他发现我仍然闷闷不乐时，显得困惑不已，似乎在思考：“我究竟做错了什么？”

我丈夫非常务实，因此，对他来说送花没有意义，他选择了送我钱，我应该感激而不是生气。也许下次我可以告诉他，我喜欢细腻的关怀和花朵。明白这个道理后，我开始直接表达我的需求，说出我想要的东西，不再指望别人去猜。

“孩子们，我需要一个拥抱。”

“我希望你们能整理一下房间。”

“我想和大家一起庆祝我的生日。”

“我很高兴你在度假时还打电话给我。”

“我需要在工作上得到帮助。”

有人看到伴侣在看电视，就在厨房里故意把碗碟弄得叮当响，这是典型的依赖行为。

通常，制造这种噪音是为了测试对方是否会意识到自己独自洗碗而没有人帮忙，这让人生气。他 / 她可能一边洗碗一边想：“真是太过分了，我们俩一起吃饭，我在洗碗，她 / 他现在却在看电视！什么时候我成保姆了？我要大点声，让她 / 他来问我怎么了。”

如果你直接说：“请过来帮我一下好吗？我们可以各自洗自己的碗。”这样不是更简单直接吗？人不是算命先生，也不会读心术。

同样，你也没有占卜水晶球，不要以为你了解别人的想法和感受。

有人没跟你打招呼，你就会想：他是不是生气了？他是不是不喜欢我？那个人可能有无数个与你不相干的理由，毕竟我们也不是宇宙的中心，那个人可能正心烦意乱，正在经历自己的困难。

我记得我十二岁左右时，和家人一起去卡塔赫纳玩得很开心。回到麦德林后，我遇到了一位很少见面的舅妈。她看起来很严肃，所以我也没跟她多说话。过了一会儿，她过来问我为什么在卡塔赫纳看到她和我表妹时，扭头不打招呼。

“什么？”我心想，“在哪里？我根本没看到你们啊！如果你们看到我了，怎么不跟我打招呼呢？”我虽然这么想，却没有当面向舅妈澄清，以免让我多年来和她们相处时都感到不自在。我本可以直接说：“舅妈，我肯定是没看到你们，看到的话一定会打招呼的。”

你觉得呢？我认为她应该直接问我，而不是妄加揣测，说我故意忽视她们。而我也应该澄清误会，而不是选择沉默。

没人懂读心术。大胆说出你的想法，如果别人没有按照你的期望回应，他完全有权利这样做；如果他不接受你真诚坦率的解释，或者不接受你用尊重有爱的方式设下的界限，你也不必感到受伤。

不要缘木求鱼

你能想象让你最害羞、最严肃内向的朋友去你的派对上活跃气氛，整晚讲笑话，成为派对的主角吗，听起来是不是很荒谬?

人们有不同的行为风格，认识到这一点对我们的人际交往和职业发展帮助很大。

我奉行的这种行为科学，首字母缩写为 DISC。大家会发现它非常有用，可以显著改善人际关系。

我希望大家了解每个人的主要行为风格，不要缘木求鱼，对人们提出不切实际的要求。换句话说，不要让一个害羞内向的人在公众场合唱歌，也不要让一个急性子的人慢慢来。

DISC 是四种行为风格的首字母缩写，下图对其进行了解释。

非情绪化
任务导向型人格

内向 慢节奏

外向 快节奏

C 谨慎型

关键词：**过程**

积极之处

√ 非常有条理、有组织。
√ 细心。
√ 遵守规则和指示。
√ 分析能力强。
√ 注重技术细节。

有待改进之处

※为分析而分析（他们对分析展开分析）
※非常抗拒变化。
※积累了不必要的信息。
※完美主义者，要求自己且期望他人完美。

D 支配型

关键词：**问题**

积极之处

√ 直面问题。
√ 知道自己想要什么。
√ 行动迅速。
√ 言简意赅，直奔主题。
√ 意志坚定，雄心勃勃。
√ 有紧迫感。

有待改进之处

※说话或提要求时言语生硬粗鲁。
※忽视他人感受。
※爱批评，很挑剔。
※承担高风险。

S 稳健型

积极之处

√ 温暖友善。
√ 沟通有分寸。
√ 耐心。
√ 忠诚。
√ 细心周到。
√ 喜欢规律。
√ 有条理。

有待改进之处

※反应慢。
※优柔寡断。
※难以设定界限，难以拒绝。
※抵触变化。

关键词：**节奏**

I 影响型

积极之处

√ 与大多数人相处融洽，善于团队合作。
√ 富有同理心、有温度。
√ 具有说服力。
√ 充满热情。

有待改进之处

※说得多，听得少。
※不会设限，不懂拒绝。
※缺乏结构性。
※忽视技术细节。

关键词：**人**

情绪化
以他人为导向

D: 支配型（关键词：问题）。提到高度支配型人格，我们的脑海中会浮现一个人物形象：快速直面问题，直截了当，毫不犹豫，也不征求他人意见。

支配型人格具有以下特质：

- 行动迅速，不拖泥带水。
- 决心坚定，充满雄心壮志。
- 明确自己的目标。
- 沟通直接，不拐弯抹角。
- 有强烈的紧迫感。

他们也有一些改进空间，比如：

- 表达或提要求时可能显得粗鲁。
- 常常忽略他人感受。
- 喜欢批评，挑剔细节。
- 愿意承担高风险。

思考一下哪些名人或者你周围的人符合这些特征，他们很可能具有高度支配型人格。比如，我认为唐纳德·特朗普、撒切尔夫人和史蒂夫·乔布斯都属于支配型。

I: 影响型（关键词：人）。提到影响型人格，我们会联想到那些能够影响他人，说服他人接受自己观点的人。

影响型人格具有以下特质：

- 与多数人都能相处融洽。
- 擅长团队合作。
- 富有同理心，温暖他人。

- 具有说服力。
- 充满热情。

他们也有一些改进空间，比如：

- 说得多，倾听少。
- 不擅长划定界限，不懂拒绝。
- 缺乏结构性和条理性。
- 忽视技术细节。

思考一下哪些名人或者你周围的人符合这些特征，他们很可能具有影响型人格。比如，我把查亚纳[①]、多莉·帕顿[②]和德鲁·巴里摩尔归类为高度影响型人格。有趣的是，我的主要行为风格也是影响型。

S: 稳健型[③](关键词：节奏)。提到高度稳定型人格，我们的脑海中浮现的人物形象是：说话、决策和沟通方式都慢条斯理。在手机上留下一条长长的语音信息，慢慢阐述自己观点的人。

稳健型人格具有以下特质：

- 温暖而友好。
- 沟通时掌握分寸。
- 有耐心。

---

① 查亚纳（Chayanne），波多黎各歌手、演员，在拉美地区享有盛誉。——译者注

② 多莉·帕顿（Dolly Parton），美国著名歌手，被誉为“乡村音乐女王”。——译者注

③ 之所以用字母 S 而不用 E，是因为这个词的英文 Stability 首字母是 S，而不是西班牙语 Estabilidad 的 E。S 构成 DISC 四型行为风格缩写的一部分。

- 忠诚可靠。
- 细心且善于反思。
- 喜欢循规蹈矩。
- 生活有条不紊。

他们也有一些改进空间，比如：

- 反应较慢。
- 优柔寡断。
- 难以设定界限，难以拒绝。
- 对变化持抵触态度。

思考一下哪些名人或者你周围的人符合这些特征，他们很可能具有高度稳健型人格。我妈妈的主要行为风格就是稳健型。接下来我会解释，为什么了解人们的行为风格对你的人际关系大有裨益。

C: 谨慎型（关键词：过程）。提到高度谨慎型人格，我们会想到那些极度重视规则和程序的人。

高度谨慎型人格具有以下特质：

- 极度有序，注重条理。
- 拥有出色的分析能力。
- 关注技术细节。
- 精确细致。
- 遵循规则和指令。

他们也有一些改进空间，比如：

- 过度分析（有时甚至为了分析而分析）。

- 强烈抗拒变化。
- 收集不必要的信息。
- 对自己和他人都要求完美。

由于我找不到一位名人来代表高度谨慎型人格，我决定向 ChatGPT 寻求建议。它推荐了比尔·盖茨和沃伦·巴菲特，非常有道理，因为这两位名人都以其卓越的分析能力和严格的纪律性著称。拥有谨慎型人格的人很容易辨认，他们的物品总是井井有条，衣柜里的衣服按颜色分门别类，个人形象一丝不苟。他们的办公桌和车里同样整洁有序，凭借善于分析、条理清晰的性格，他们往往倾向于选择工程或金融领域的职业。

我将通过几个故事来阐述这四种行为风格，你读后可能会会心一笑，在故事里找到自己的影子，或者认出你身边的人。

现在，请再次查看 DISC 图表。

我将指导你如何使用这张表，来快速识别一个人的主要行为风格。注意，我指的是“主要”行为风格，因为我们可能同时具有两种甚至三种行为风格的倾向，但始终有一种风格占据主导地位。例如，我的主要行为风格是 I（影响型），但我也带有 D（支配型）型特质。这张图表将帮助大家辨别他人的主要行为风格。

我们来做一个小练习。准备好了吗？请想出一位你熟悉的人。想好了吗？好的，第一个问题将帮助你判断这个人是在 DISC 图表的上半部分还是下半部分。

这个人是以任务为导向、情绪稳定（可能稍显冷漠），还是以人为导向、更感性（相对热情）？

如果答案是前者，那么他 / 她的风格位于 DISC 图表的上半部分，这个人是高 C 型或高 D 型。

如果答案是后者，那么他 / 她的风格应该位于 DISC 图表的下半部分，也就是说，这个人是高 S 型或高 I 型。

接下来，你需要定位这个人的风格是在图表的左半部分还是右半部分，以确定他的主要行为风格。

这个人是否内向、有条不紊、节奏缓慢？如果是，那他可能位于图表左半部分。相反，如果他 / 她性格外向、节奏快，甚至有些粗心大意，那他很可能位于图表右半部分。

请观察象限，根据你的答案，定位这个人的主要行为风格。

很好。你可能会问：“玛格丽塔，了解这些有什么用？”答案来了，还记得我说过不要缘木求鱼、强人所难吗？

比如，你的伴侣是一个高 C 型人格，超级有秩序、有条理，而你是高 I 型人格，性格外向、急躁，会发生什么？你的伴侣可能会因为你把毛巾扔在地上、不盖牙膏盖而感到生气恼火，而你却不懂这有什么好气的，不过是小事一桩，对吧？这确实不是离婚的理由，但如果了解到伴侣是 C 型人格（他的思维方式与你不同），你就会更有同理心，明白虽然你不介意这些小细节，但他那极度结构化的大脑会对此感到非常不适，因此你会更愿意捡起毛巾，拧好牙膏盖，对吧？

黄金法则是像你希望别人对待你的那样去对待别人，我想邀请你使用更高级的铂金法则：像别人希望被对待的那样去对待他们。

还记得我生日那天丈夫没有送花的事吗？他其实并不是冷漠或粗心，也绝对不是故意让我难过，他只是在按照自己喜欢的方式对待我，因为他的主要行为风格是 D 型（支配型）。现在，他了解了 DISC 四型行为风格，知道我是一个 I 型人，就开始给我送花，给我惊喜了。尽管他自己并不喜欢惊喜，也不太重视像生日这样的日子。

以下是一些建议，能帮助你更好地与不同风格的人相处。

与 D 型人相处时：

- 直截了当（就像医生一样）。
- 不要太在意他们的用词或语气，因为可能会有点粗鲁（他们对所有人都这样，不是针对你）。
- 加快节奏（否则他们可能会不耐烦）。
- 如果他们越界了，要学会拒绝。
- 不要抑制他们行动的欲望。
- 肯定他们的成就（真诚的赞美会让他们很开心）。

与 I 型人相处时：

- 友好而热情。
- 倾听他们的故事（但也不要让他们占用你太多的时间）。
- 不要打击他们的主动性。
- 肯定他们的观点和感受。
- 避免安排过于结构化的任务，或者需要社交隔离的任务。
- 必要时，告诉他们你也需要表达你的观点（有些 I 型人关不上话匣子）。

与 S 型人相处时：

- 放慢语速，降低音调。
- 如果不是紧急情况，不要在最后一刻要求他们改变。
- 给他们时间思考，不要催促他们做决定。
- 不要打破他们的日常习惯。
- 避免冲突和激烈的对话。

与 C 型人相处时：

- 不要给出没有数据支持的观点。
- 不要乱动他们的物品。
- 非常尊重他们的个人空间。
- 在他们分析时保持耐心，不要催促。
- 回答他们的问题，因为他们需要大量的信息来做决定。
- 非常准时和准确。

接下来我将分享几个故事，说明如何运用 DISC 四型行为风格来改善人际关系。

我告诉过大家，我妈妈是 S 型人，而我是 I 型人。她做事慢条斯理，而我则比较急躁。每次我去哥伦比亚看望她，总喜欢拉她一起外出，但我也明白，必须给她足够的时间来打扮。如果我们计划吃午饭，她可能需要几个小时（真的一点也不夸张）来准备。我最迟得在早上九点之前通知她，这样她才能在午餐时间之前准备好。而我，十五分钟内就能一切就绪。没错！十五分钟内我可以洗澡、梳头，甚至化妆，如果需要化妆的话。在我尚未了解 DISC 行为风格时，我总是催促妈妈，逼得天性悠闲的她喘不过气。如今，我学会了根据她的节奏来安排计划，不再强求她以超出能力范围的速度行动。比如，我会早上先出去办自己的事，心里明白等我中午回来，她肯定能准备好一起出发去吃午饭了。

我有一个朋友有一对双胞胎女儿，一个女儿做作业工工整整，书包井井有条，学习安排有条理，房间看起来一尘不染，她喜欢数学，性格有些内向。而她的双胞胎妹妹则完全不同，喜欢跳舞，享受成为众人瞩目的焦点，有很多朋友，书包乱得一塌糊涂。一天，我和这位朋友在一起时，听到她对I型人格（外向型）的那个女儿说："你为什么不能像姐姐那样有条理、安静点呢？应该以姐姐为榜样。"我趁机向她解释DISC四型行为风格："你看，你那个有条理、喜欢数学的女儿是C型人，可能在会计、金融和工程等分析性领域大放异彩。而你的另一个女儿，活泼外向，不太有条理，是I型人，她很可能在公共关系、销售、市场营销或社会沟通等领域表现突出。不要强求她成为姐姐那样，她们各有各的优点，应该鼓励她们做最好的自己。不要强迫内向的人变外向，也不要让外向的人变安静，相反，要帮助她们在各自擅长的领域中变得更加优秀。"我的朋友听完后感到既惊奇又感激。

还有一点很重要，比较并无不妥，但忽略行为风格、个人性格的独特性就不好了。实际上，性格相悖的人往往与你互补。如果你是I型人（外向、灵活、健谈，以人为本），你可能会与C型人（内向、条理清晰、结果导向）发生冲突，但仔细想想，他们与你互补，能和你组成一个完美的团队。比如，你可以负责争取客户、维护关系、完成销售，而你的 C 型人合作伙伴则可以处理财务和数据。你能想象一个全由 I 型人组成的公司，每个员工性格都一样的企业吗？不可能，因此，让我们学会欣赏差异，而不是盲目地排斥它们。

不要控制

在本书开头，我提到过我是1972年出生的，青春期正赶上Flans乐队[①]爆火。他们的歌里有一句很著名的歌词：“不要控制我，别管我怎么跳舞，我跳的舞大家都喜欢。不要控制我，别管我怎么穿衣，别管我怎么想……”我唱这首歌时，并未真正理解歌词的深意，因为我曾经就是个“控制狂”，总是对家人说：“好好坐着”“不要这么说话”“你为什么不打招呼”“你应该多给你妈妈打电话”“不要穿那件衬衫，一点也不合身”“不要吃得那么咸”“别再看新闻了”。现在回想起来，真是累人。

这项控制、拯救和纠正他人生活的任务，是谁布置给我的？没有人，是我自作主张给自己的。一路走来，我这么做既伤害了别人，也伤害了自己。我试图控制我无法掌控的他人，这让我疲惫不堪。

除了我们的孩子在未成年时需要我们指导，其他人的生活与我们的责任完全无关。我再强调一遍：我们不需要为任何人负责，无论是你的伴侣还是你的父母，过好自己的生活，也让别人过好

① Flans乐队，一支全女子组成的墨西哥音乐团体，20世纪80年代中期至90年代初风靡一时。——译者注

他们的生活。试图改变别人就像试图用脑袋撞倒一堵水泥墙，你会头破血流，而墙却纹丝不动。相信我，我用亲身经历告诉你，让别人轻松做自己，而你专注于改变、改善和关心你唯一能控制的人——你自己，这样生活反而更加轻松快乐。

学会求同存异

有一次，在尼加拉瓜首都马那瓜的天台俱乐部，我参加了一个领导人会议。一位企业家提出了许多问题，他是中美洲地区最成功的企业家之一。我们这些与会者都不假思索地给出了相同的答案，于是他说了一句让我至今记忆犹新的话："要是一个地方所有的人都想法一致，就没有人真正在思考。"

寻找志同道合的人是人之常情，无论是在政治、宗教、体育还是其他领域，这都很正常。而学会倾听不同的观点，也同样重要。我们必须学会求同存异，搭建沟通的桥梁，而不是挖掘鸿沟。

看到同一地区的人因为政治问题而争吵，我深感痛心。如果我们能专注于团结，摒弃分裂，与异见者积极沟通，就能取得更大的成就。别误解我的意思，这并不是说要在价值观上妥协退让，而是说希望通过倾听更好地理解彼此的立场。

在体育界，冲突也是常见的。比如，你的兄弟是巴萨球迷，而你是皇马球迷，怎么办？作为兄弟，你们更应该团结。你可以说："在足球方面我们求同存异，各自支持自己的球队。"期望每个人都和自己想法一致，往往会让人精疲力竭。而且，当你周围都是与你意见相同的人时，你就无法获得新知识。约翰·麦克斯韦尔在他的《领导力 21 条法则》一书中提到，领导者最不应该做的事，就是只与自己观点一致的人为伍，耳边充斥的只有“是的，领导”，我深表赞同。这就是为什么在我的公司和家里，我总是乐于和那些与我观点相异的人交流的原因，他们能给我带来新的视角，也能激发我从未有过的奇思妙想。

总之，每一种关系都始于我和自己的关系。如果我自尊自爱，就不会陷入一段不受尊重的关系之中。如果我学会自信，我会对他人更坦诚，生活更快乐。我可以毫无负罪感地说“不”，不必担心拒绝会失去朋友。我将不再扮演别人眼中“世界救世主”或“缺陷纠正者”的角色，按照自己的意愿好好生活，让别人也走他们自己的路。

要点回顾

以下是本章关键要点的简要总结。

◎ 你有权说“不”，这并不会让你变得不好或自私。你对一件事说“是”，就是在对另一件事说“不”。不要因为担心失礼而不断迁就他人，委屈自己。

◎ 设立有爱的界限。与他人沟通时，90% 的信息通过你说话的方式传达，只有 10% 在于你的话语内容。当你不想或不能做某件事时，可以随时说“不”，真诚礼貌地拒绝即可。如果你还是觉得很难，可以选择使用以下两种公式。

当你______________________________时，

我感到______________________________。

我需要 / 我希望能________________________。

或

我理解 / 我明白________________________，

但重要的是__________________________。

◎ 表达你的需求或想法。人们不会读心术，如果你渴望一个拥抱，就直接说。如果你需要帮助，坦诚表达，没有人能预知你的感受和需求。

◎ 不要“缘木求鱼”。你不能期望你最内向的朋友在派对上成为焦点，对吧？人们有不同的行为风格，有些人更外向，有些人更有条不紊，有些人看中人际关系，有些人则更注重结果，大家各不相同。DISC 图表将帮助你理解不同的行为风格，还提供了与每种行为风格的人建立良好关系的建议。

◎ 学会“求同存异”。如果你周围只有与你观点一致的人，你的视野将会非常狭隘，也可能错过丰富的人际体验。如果你和你的兄弟在政治上有分歧，你们可以一致同意彼此“政见不同”，同时也要认识到你们的共同点远比分歧多。

最后，请记住，你唯一能改变的只有你自己。放下“世界救世主”或“缺陷纠正者”的心态，专注于自我提升，这样你会更加幸福。

练习

描述一个你很难拒绝或者难以设定有爱界限的场景。

____

____

____

现在，请写下你如何以友好而尊重的方式说“不”。

____

____

____

____

重复：“我有权拒绝，也有权改变主意。”

使用自信沟通的两个公式来设立界限，不消极被动，也不咄咄逼人。

当你______________________________时，

我感到______________________________。

我需要 / 我希望能__________________________。

我理解 / 我明白__________________________，

但重要的是____________________________。

提出你的需求。

写下你希望别人为你做的两件事，或者希望别人改变对待你的方式。曾经你希望别人“猜中”你的想法，或者你觉得“他们应该知道”你想这么做。

____

____

____

现在就告诉他们，不要让他们“猜”。

根据 DISC 图表，你的主要行为风格是哪一型？

____

根据 DISC 图表，你身边人的主要行为风格是哪一型？

____

考虑到这一点，你可以做些什么？应该根据对方的行为风格，放弃哪些期望？

____

____

____

我知道我无法改变或控制他人。

你倾向于尝试控制你爱人的哪些方面？例如，言谈举止、穿着、饮食习惯等。请写下来。

____

____

____

过好自己的生活，让每个人成为他们想要成为的人。只有当他们触犯你的底线，或者不尊重你时，才需要设立界限。

有哪些对你很重要的关系是因为你试图强迫对方接受你的观点而“破裂”？

____

____

____

这段关系中的那个人具有哪些品质？请写下来。

____

____

____

这段关系是否有必要破坏，还是你可以求同存异？（当然，前提是不要在你的价值观上妥协。）

____

____

____

根据本章所学，你会立即采取哪些行动？

____

____

____

第9章

专注于可控之事

“要知道：越关注我们无法控制的事情，就越容易失控。”

——爱比克泰德

你的情绪调控中心在哪里？

让我们探讨一个被称为“控制源”的概念，涉及的是人们倾向于外在控制还是内在控制。也就是说，生活的控制中心可以位于外部环境，也可能位于你的内心世界。

你可能见过牵线木偶。外部控制下的行为与牵线木偶无异。外部环境，其他人的态度、行为、眼神和手势，你都无法控制。如果让它们来操控你的情绪，这和木偶有什么两样？

你会让你的伴侣、老板甚至一个擦肩而过的陌生人破坏你的一天吗？如果你这样做，就是允许别人牵动你的情绪，随意摆布你。

> 在你依赖外在控制时，就是把自己幸福和内心平静的钥匙交给了别人，放在了你无法掌控的环境中。
>
> 相反，当你采用内在控制时，你的注意力集中在你自己身上——这是你唯一可以控制的，集中在你对事物的解读——在任何情况下，这都是你可以控制的。

海豹外皮：如何屏蔽外界的负面声音

“聪明的艺术在于知道要忽略什么。”

——威廉·詹姆斯

从孩子小时候起，每当他们受到影响，或有人对他们说了难听的话，我就会建议他们：“穿上海豹外皮。”为什么呢？因为我总是想到那些可爱的海豹，无论把什么放在他们身上，都会顺着滑溜溜的海豹皮掉下去。穿上“海豹外皮”，可以帮助你保持内心的控制力，掌控情绪。

同样，别人对你的任何侮辱性言辞，也应该让它们从你耳边滑过。如果有人打你，朝你扔石头，可能会让你受伤，但别人的话语和态度却不应该对你造成伤害。如果感到受伤，也是因为你赋予了它们本身不曾拥有的伤害你的力量。还记得我讲过的故事吗？球星达尼·阿尔维斯被扔香蕉的故事。扔香蕉的“球迷”没有能力伤害他，达尼·阿尔维斯给我们做了一个很好的示范。当某些事情不值得你花时间处理时，就顺其自然，让它过去，继续走自己的路。

海豹还有一个很有趣的特点，就是它们没有外耳，但听力却非常敏锐。很有意思对吧？听力好（内部控制），但没耳朵（外部控制）。

不幸的是，许多人仍然在向外部寻找解决方案，而真正的解决方案却藏在我们的内心。

我曾听过这样一个故事：几位智者讨论要把智慧藏在哪里，以免被人发现。

其中一位提议："咱们把智慧藏在最高的山上。"

另一位反驳道："不行，因为人类会想方设法爬上山顶，带走这巨大的宝藏。"

又一位智者建议："把智慧放在大海最深处。"

有人警告说："不行，因为人类会造船去海里找到它。"

最后，一位聪明的智者说："把智慧藏在他们内心，因为人们永远不会去那里寻找。"

的确，你最宝贵的财富就在自己的内心深处。因此，就像海豹一样，不要用耳朵去听外界的声音，而要对自己内心的声音保持听力敏感。关注与自己的交流，你就会在内心找到智慧的宝藏。

也许有人说我很傻（这是外在的声音），但在我内心（内在的声音）我会想："这是你的看法，可能因为你缺乏安全感，受过伤害，或者很自卑才这么说。反正我知道自己是非常有价值、非常聪明的人。"

记住，永远不要让外界的负面声音变成你内心的负面声音。

下次当有人恶语伤人，试图冒犯你时，穿上海豹的外皮，让他的话在你耳边滑落，一定要精心呵护你内心的对话。

可能某一次，有人对你大喊大叫或者冒犯你，许多人却选择不断重温这种伤害。我来解释一下什么是重温，就是再一次感受，你在脑海中反复回想，重新体验那种悲伤或痛苦。这就好比罪犯只捅了你一刀，你却自己不断用刀子自残，让伤害在心里延续，而攻击你的人却逍遥自在，独自快活。

理解这一点很重要：宽恕是一个利己行为，因为首先受益的是你自己。正如诺贝尔和平奖得主纳尔逊·曼德拉所说："怨恨就像自己吞下毒药，却期待能毒死仇敌。"

> 记住：你永远都有选择权，决定如何应对某种情况。

这种做法毫无意义，不要沉浸在"苦海"之中。记住，如果某个场景、某段记忆在你的脑海中不存在，它就是不存在。把它从脑海中抹去，你就会发现它再也无法伤害你。

不要让过去的悲伤伤害现在的你

"记住，此时此刻是你唯一拥有的。

让'此刻'成为你生活的重心。"

——埃克哈特·托利

1998 年 1 月 6 日，我的姐姐玛塞拉在一场交通事故中离世，那段日子对我们全家人来说都很难熬。玛塞拉昏迷了六天，身上插满各种管线，身体肿胀，意识全无，看到她的样子，我们的心都碎了。她最终承受不住这种折磨，去了一个更美好的地方——天堂。

我的姐姐生前是一个容易紧张焦虑的人，也很怕死。多年来，我总是回忆起她昏迷的那些日子，自我折磨。我不断想起她在医院的日子，追问自己一些没有答案的问题。她会害怕吗？她会疼吗？她是否会……这些无休止的思考让我感到更悲伤、更焦虑。

后来我发现了一个技巧，对我帮助很大，我想和大家分享。

那就是把记忆分成内心保存与外部封存的技巧。

把你的大脑想象成一个抽屉，里面装着所有的记忆，美好的、痛苦的、生活中的每一课，所有对你有帮助的经历，还有那些让你受伤、害怕或折磨的事情，都储存在这里。

这个技巧的核心在于主动清理你的记忆抽屉，也就是你的头脑，抛弃那些对你无用的记忆。

你可以先想象一个头脑外部的保险箱，把那些痛苦的、有毒的、负面的、伤心的记忆都放进去，回忆这些对你现在的生活毫无帮助，甚至还有害。一旦你决定把它们取出脑海，放进外部保险箱，就想象给这个保险箱加上重重锁链，并把钥匙扔到再也找不回来的地方。然后，在你的脑海中——在你的心灵圣地，保存那些对你有益，能让你成长，能给你带来幸福的回忆。

当我学会了这个技巧后，我决定把关于姐姐昏迷那六天的记忆从大脑中移除，放进那个外部保险箱，上三重锁（双重锁甚至都不够），扔掉钥匙，再也不去触碰。有时，那些回忆试图逃出保险箱，重新钻进我的脑海中，但我坚决不让它们得逞，一秒钟都不能回来。相反，我选择记住和姐姐一起度过的美好时光——我们大笑，开玩笑，在家里搞“小恶作剧”，记住所有关于姐姐的美好瞬间。我接受了这样一个想法：如果姐姐能和我说话，她可能会告诉我不要再纠结这些事了，因为她现在很好。我还在心里默默地想象她在一个美丽的地方，充满和平，没有痛苦和恐惧。就这样，我的痛苦一点一点地消失了，我开始怀着愉快的心情怀念姐姐，我相信她也希望我这么做。

那么，你想把哪些记忆锁在外面呢？那些无用的、痛苦的回忆，有毒的想法，伤人的话语，对你的生活毫无益处，你愿意放进那个头脑外部的保险箱吗？

一个小提示：有时候，我们会不由自主地沉浸在痛苦的记忆中。当你运用这个技巧时，要下定决心，把这些画面和记忆从脑海中移除，放进外部保险箱里，锁上几层锁并扔掉钥匙。无论如何都不能让它们再回到你的脑海中，哪怕是一秒钟也不行。无论何时它们试图闯入，你都要坚守你的思想之门。

过去已经过去，只存在于你的记忆中。你无法改变过去，但总是可以改变你赋予它的意义。选择你想要记住的部分，如果你愿意，可以保留某些教训，但请放下那些让你痛苦的细节。

要点回顾

◎ 对情绪的控制决定了你对幸福的把握。当你允许他人或事件左右你的情绪时，你就是在依赖外在控制。比如，我的伴侣心情不好，我也会感到“闷闷不乐”。相反，当你能自主管理情绪，并对负面事件做出建设性或中性的解读时，你就处于内在控制。比如，当你在高速公路上遇到突然变道超车的车辆时，你可以告诉自己：“那个可怜的司机一定有急事”，这样的想法能帮助你避免被别人的行为影响心情。

◎ 内心保存与外部封存。我们曾多少次在脑海中反复回忆那些让我们受伤的事？选择把那段记忆封锁在脑海之外，只有那些对我们有帮助、有启发的记忆，才值得留在内心。

◎ 海豹外皮。“穿上海豹外皮”，意味着他人的态度无法再影响到你。当某件事在你的脑海中不存在时，这件事对你来说就真的不存在。海豹虽然没有耳朵，但有着敏锐的内在听觉。我用这个比喻来告诉你，决定你感受的最重要因素，是你内心的声音。

◎ 不要让外界的负面声音变成你内心的负面声音。

练习

列出一些你希望留在脑海中的美好、积极的回忆。

____

____

____

____

____

现在，请在这里写下那些你想赶出去的记忆，你不想再回顾，想把它们封锁在脑海之外。

____

____

____

____

____

是否有一些替代品可以用来“填补”你移除记忆的位置？还记得我提到的例子吗，我把姐姐在医院的不幸画面替换成她在天堂里幸福安宁的画面。选择一些替代品来取代你丢弃的记忆，这是一种重新审视事物的方式。

在这里写下你用来替代那些负面回忆的画面。

第 10 章

原谅他人，原谅自己

“原谅即是释放囚徒，事后发现囚徒正是你自己。”

——刘易斯 · B. 斯梅德斯

在我的理解中，暴力有两种形式：外在形式，表现为愤怒、怨恨或对他人的敌意；内在形式，体现为内疚、羞耻以及无法自我宽恕。不论哪种形式，都是暴力的体现。

你我都是凡人，人无完人。“哎呀，玛格丽塔，你不知道我做了什么”，或者“像我这样的人是无法被原谅的”，这样的话我听过不止一次。

内疚是一种对自己的暴力，是对自我缺乏同情。你或许做过一些让你觉得难以原谅自己的事，很可能当时你没有现在懂得多，没有现在成熟，但没有关系，原谅自己，吸取教训，下决心不再重蹈覆辙就是了。

让我们回到我姐姐的故事。我们家有四个孩子：比我大三岁的姐姐玛塞拉（愿她在天堂安息）；然后是我，二女儿；接着是玛丽亚・安东妮娅，比我小八岁的妹妹；最后是胡安・卡米洛，我比他大十一岁。可以看出，玛塞拉与我年龄相仿，因此我们相处时间最长，争吵也最多。你可以想象，她去世时我心里有多么内疚，尽管那些争吵发生在我们十几岁时（她去世时我二十五岁），但那些争吵的记忆还是让我非常难过。我一直背负着这种负罪感，直到后来恐慌症发作。此时我开始反思自己，学习如何面对自己“家里的疯女人”——情绪脑，决定对自己、对他人都更加宽容。

我学会了原谅自己，并且每天都这样做。我并不完美，但我心平气和，体谅自己，还能在成长过程中不断学习，不断纠正错误。

你是否对自己的某些行为感到内疚？先原谅自己。如果不会造成更大的伤害，你可以去寻求他人的原谅。如有可能，弥补你的过失。

如果出于某种原因，你无法寻求原谅或弥补过失（比如对方已经去世，或者请求原谅会造成更大的伤害），那么就代表你伤害过的人，对他人做出善举。这样可以帮助你打开心结，让你感觉在某种程度上弥补了过错。

现在，让我们来探讨如何原谅那些伤害过我们的人。你知道，每个人，包括你自己都需要被原谅，理解这一点可以帮助你用更宽容的心态面对伤害你的人。

有时候，在我进行关于情商主题的讲座时，会有听众告诉我："您说得太容易了，因为您没有经历过我经历的事情""您不了解我的岳父 / 我姐姐"，他们指的是生活中那些难以相处的人，他们对这些人心中怀有怨恨。

我仍清楚地记得一位三十多岁的女士，我们称她为"玛塔"吧。在哥斯达黎加首都圣何塞的一场讲座后，我认识了她。玛塔等到我和观众们打完招呼，所有人都离开后，才上前和我交谈。她是哥伦比亚人，住在圣何塞，她的丈夫是哥斯达黎加人，当时他们已经结婚六个月了。

玛塔的脸上写满了悲伤，仿佛眼泪随时都会夺眶而出。我的第一反应是给她一个拥抱，并邀请她到一旁坐下。玛塔卸下了心防，告诉我：她丈夫对她有多好，她有多么想念哥伦比亚和家人。

最后，我问她真正痛苦的原因是什么。

“你告诉我说你爱你的丈夫，他对你很好，那你为什么想离开呢？”

玛塔终于抛出了压在她心里的大石头：“是因为我的小叔子，玛格丽塔。他和我丈夫是合作伙伴，我觉得他不喜欢我，不接受我，他对我很苛刻。有时候，我跟他打招呼他都不理我，而且我丈夫整天和他一起工作，比跟我在一起的时间还多，我担心他会破坏我的婚姻。”

“我明白了，”我说，“你的丈夫在哪里？”

她指了指门口，那里有一个男人正拿着手机打电话。

“他知道这些吗？”我问。

“嗯，多少知道一点，”玛塔回答，“我告诉过他我想和你谈谈，但没说具体谈什么。他可能会生气，因为这是他的亲兄弟，我害怕他选择和弟弟站在一边，而不支持我。我才刚来哥斯达黎加不久，我想他不会为了我离开他的弟弟和祖国。”

听完她的话，我建议叫她丈夫过来加入谈话，我们就叫他佩德罗吧。如果他们真的深爱对方，就应该可以谈论这些事情。玛塔有点犹豫，但还是同意了。

佩德罗是个瘦高个男人，非常和蔼，总是面带微笑。我感觉玛塔有点害怕我叫他过来，她让我说明情况。当我讲完后，佩德罗的脸上露出了如释重负的表情。

他说：“我注意到她最近很沮丧，很伤心，所以陪她来听这场讲座。我一直在担心，因为她经常告诉我说想回哥伦比亚，我以为是我们的关系出了问题。”

佩德罗转向玛塔，说："有些事我一直没有告诉你，因为我想尊重弟弟胡安的感受。胡安小时候和我妈妈还有他父亲——他们是同母异父的兄弟——住在圣何塞郊外。他父亲是个酒鬼，经常殴打妈妈。有一次，他喝得烂醉后动手，几乎要了妈妈的命。胡安试图保护她，引得这个人渣怒火中烧，打断了他的两根肋骨，还疯狂大喊，说胡安不是他的孩子，是他的累赘。你能想象那种痛苦吗？不仅是挨了打身上痛，还有情感上的虐待和羞辱，而且这些伤害都来自亲生父亲。在邻居的帮助下，妈妈和弟弟去了医院，然后搬到圣何塞和我的小姨一起生活，因为他们不敢回家。从那以后，他们就再也没有见过那个男人。胡安一直都是这样，对谁都很疏离，不信任别人，不愿谈论自己的私事。我觉得，他有时候会认为是自己的错，才导致父亲把他们赶出家门，所以你别往心里去，他一直都是这样的，你并不是第一个感受到他冷漠的人。"

玛塔听完这些话，顿时如释重负，禁不住流下了泪水，仿佛眼泪带有疗愈的力量。看到一个人对自己疏远、咄咄逼人或难以相处时，我们很难想象他们内心的痛苦。

我与大家分享这个故事的原因是：受伤的人往往会伤害他人。

没错，人们无法给予他人自己未曾拥有的东西。玛塔的小叔子背负着自己的痛苦，而玛塔误以为那是对她有偏见。

我从一次痛苦的经历中学到了这个教训。

我曾说过我在尼加拉瓜生活多年，在电视台工作了十三年。那时候，在电视台财务部门，有一位女士负责给我开赞助商的支票。我得承认我确实不喜欢她（那是在我开始研究情商之前），她的态度让我非常不满。当时我的情商也很低，所以给她起了好几个难听的外号，比如“老巫婆”（尼加拉瓜传说中的女巫）“蛇蝎妇人”“大蟒蛇”，等等。

她的办公桌靠墙，背对着门。每次我去取支票时，都会客客气气地进门跟她打招呼，说“早安”或“下午好”。但她总是连头也不回，背对着我，冷冷地回应：“支票没准备好”。没错！看都不看我，更不要说打招呼了。所以我每次都气冲冲地离开，心中充满对她的不满，觉得她很无礼：“她怎么连招呼都不打呢？她肯定已经拿到我的支票了，就是故意不给我！讨厌的老巫婆！”谁知道我心里还说过多少她的坏话！

一天，我丈夫好心替我去拿支票，我事先警告他：“你要小心哦，开支票的老太太非常讨厌，可能会故意为难你。”

几个小时后他回来了，我当然很想知道他是怎么对付那个“老巫婆”的。结果亚历杭德罗说的话让我大吃一惊：“玛格丽塔，她一看到我就哭了，还向我求助。”

“求助？要你帮什么忙？”我完全摸不着头脑。后来丈夫告诉我，那位女士的儿子二十多岁了，具体多大我已记不清了，是个瘾君子。为了吸毒还打她，偷她的钱，甚至偷邻居的东西，所以邻居们经常来找她理论，要她还钱。更糟糕的是，她经常不知道儿子在哪里，有时好几天都没有消息，这让她夜不能寐，心神不宁，总是担心最坏的情况会发生：儿子是不是被抓起来了？坐牢了还是死了？会不会在医院里？她对我丈夫说：“亚历杭德罗先生，我不知道我的孩子在哪儿，没办法，我还是得来上班，因为我是单亲妈妈，带着两个孩子，如果我不来就没工作了。”

这些话如同当头棒喝，让我瞬间清醒。我曾经多么轻率、迅速地对她下了判断！你能想象一位母亲在不知道孩子下落的情况下，还得强打精神继续工作吗？

那一刻，我终于明白了她为何总是回避我。她是多么痛苦啊，当时可能情绪崩溃，根本不想见到任何人，并不是针对我。

她向亚历杭德罗倾诉了一切，希望他能帮她联系一个专门帮助低收入青少年戒毒的基金会。幸运的是，她最后得到了基金会的援助。

我从中吸取的教训是：受过伤害的人往往会伤害他人。我们有时候看到的只是冰山一角，内心的伤痛常常深藏不露。

> 当你能够带着同情心去理解那些难以相处的人时，可能会发生两件事：第一，你不再被他们的行为影响，因为你知道他们曾经受过伤，所以才会出口伤人，表现冷漠。
>
> 第二，很多时候，你可以帮忙治愈他们，因为一旦发现你对他们的反应与众不同，他们可能就会决定改变态度，寻求你的帮助或建议。

因此，下次当你遇到一个令人生厌、不够友好的人时，不要用愤怒的眼光去审视他，也不要以为他对你怀有敌意，而是应该用同情的眼光去看待他，因为他无法给予你自己没有的东西（比如友善的态度）。

他可能有过充满伤痛的童年，可能正在经历婚姻的破裂，正在与自己的不安和恐惧抗争，或者正面临我们无法想象的其他各种问题……可能性无穷无尽。

我们不应该“缘木求鱼”，抱持无谓的期待。如果一个人内心充满了创伤和痛苦，充满负面思想和情绪，就不要指望他能展现温暖和善意。对他保持同情心，同时也要保护自己不受他们的负面影响。

我在前面的章节中提到过，我曾采访过监狱中的囚犯，那段经历让我深刻地认识到：监狱中满是受过伤的人。

我与囚犯交谈时，总是会问他们童年的情况。我发现几乎没有人提到过自己曾拥有快乐的童年，没有人提到过温暖有爱的言语，亦或美好的回忆。没有人，确实没有一个囚犯谈过类似的内容。几乎每个人都向我讲述了自己童年的创伤，包括身体虐待、精神虐待，甚至性虐待。有个犯人曾被铁链绑在树上，像动物一样对待。我清楚，受过伤并不是伤害他人的借口，许多人并没有因此伤害他人。但如果这些囚犯没有被人贩子贩卖，没有吸毒、遗弃或被虐待的经历，他们可能不会去伤害别人，也不会沦为囚犯，失去自由。

原谅并非……

既然我们理应心怀慈悲，请允许我解释一下：

- 原谅并不意味着让你再度置身于曾遭受虐待的情境之中。
- 原谅并不意味着重新信任伤害过你的人，或接受他们重新进入你的生活。
- 原谅无法确保对方会改变或悔悟，这一点实非你能掌控。
- 不是为了他人而原谅，而是为了你自己。
- 原谅并不意味着必须忘却，而是意味着你能平和地接受现状，并承诺不再反复重温曾加诸于你的伤害。

原谅是……

- 原谅是自我解放，自我疗愈，不再毒害自己。
- 原谅是为过去赋予新的意义。
- 原谅是送给自己的一份礼物。
- 原谅是从评判转向理解，明白受伤的人易伤人，我们每个人都处在不同的学习和成长阶段中。

原谅他人和自我原谅对身体好处多多：能帮助你缓解肌肉酸痛，调节胆固醇水平，改善睡眠质量，带来更强烈的幸福感。如你所见，原谅是给自己的一份珍贵大礼。

你无比强大！今天就下定决心，选择原谅他人和自我原谅吧。

> 最后，我以圣雄甘地的一句话来为这个美好的话题画上句号——
>
> “弱者永远不会宽容，宽容是强者的勋章。”

要点回顾

◎ 暴力有两种形式：外在形式（针对他人）和内在形式（针对自己）。

◎ 你首先应该原谅的人是你自己，人无完人。

◎ 如果不会造成更大的伤害（比如破坏婚姻），就去请求原谅，并尽量弥补。如果无法弥补，就尽量去帮助他人。例如，你懊悔小学时曾欺负过一个女孩，如今你已经不记得她的名字，也不知道她居于何处，那么资助一个帮助受欺凌儿童的基金会，是弥补过失的好办法。

◎ 原谅并不意味着你愿意再次遭受恶劣的对待，也不是必须接纳有害之人，原谅无法保证施暴者会悔改。你无须忘却，而是要在回忆起这件事时保持平静，不再感到愤怒、痛苦和悲伤。

◎ 何为原谅？原谅是解放自己，是给予自己身心健康的礼物。原谅是勇敢的表现，能帮助你摆脱对痛苦的执念。

练习

你需要从哪些方面原谅自己？

____

____

____

____

你需要原谅谁呢？

____

____

____

____

不原谅他人，或不原谅自己，会带来哪些情感和身体上的痛苦？请记下来。

____

____

____

____

当你选择原谅他人、原谅自己时，会带来哪些情感上和身体上的快乐和美好？请记下来。

____

____

____

____

我想用之前提到的监狱的故事来结束本章内容。如果你感到沮丧、悲伤或对生活不满，试试做志愿服务吧。医院、监狱，其他任何需要援助的地方，都可以成为你的选择。

也许你会说："我自己都感到不舒服，还怎么去帮助别人呢？"事实上，当你投身于志愿服务时，你会得到意想不到的回报。这是因为，当你目睹他人面临的艰难和挑战时，往往会突然意识到，自己的困境相比之下显得微不足道，会让你获得新的视角，也更加懂得感恩。

同时，帮助他人能帮你转移注意力，暂时"忘掉自己"。

记住，当你去帮助他人时，最终受益的将是你自己。

你是否愿意在某个基金会做志愿服务？

或为某个特定群体提供志愿服务？

____

你想帮助哪些人？

____

第 11 章

找到你的目标

“生活的目的在于过一种有目的的生活。”

——罗伯特·伯恩

刚开始工作时，我并不清楚自己真正喜欢什么。我经常是一件事刚开始，就被另一件事吸引，似乎患了所谓的“闪光物体综合症”，总是轻易被“闪闪发光”的事物吸引。1996 年夏天的一个傍晚，在墨西哥金塔纳罗奥州，我和我的丈夫参加了吉姆·罗恩（愿他安息）的讲座，他是当代最伟大的思想领袖之一。我听得如痴如醉，他滔滔不绝的话语如此鼓舞人心，指引着人们走向更美好的生活。两个小时转瞬即逝，我感觉仿佛只过了几分钟，真期望讲座永远不会结束。

我清楚地记得，听完讲座我对丈夫说：“这就是我想要的生活。我想学习、成长并帮助他人改善生活。”从那一刻起，我对自己的人生目标有了前所未有的清晰认知。2000 年，经历了恐慌症和抑郁症后，我的目标变得更加坚定，我开始不再追问自己为何会经历这些，而是思考如何利用这些经历。我意识到，如果我真的想帮助别人，必须首先自救。如果自己没有经历过、承受过、克服过痛苦，我就无法感同身受地教导他人。就这样，我找到并确认了我的人生目标。

最美妙的是，做这些事情的时候，我并没有觉得自己是在工作。我常常发现自己“工作”到深夜，甚至周末也是如此。现在已经夜里 11 点了，我还在写书。之所以给“工作”加上引号，是因为我对它充满了热情，从不感到疲倦，时间也在不知不觉中流逝，我感到放松和享受。更重要的是，我的目标始终清晰可见，我知道有人需要我全身心的支持，有人正经历我曾经受过的苦，他们都需要我的帮助。

我感到非常幸运，因为我感觉自己不是在工作，而是在度假。这也是我对大家最大的愿望，希望大家能找到自己的生活目标，找到生活的理由。

> “为不关心的事情而努力工作，那是压力。为热爱的事情努力工作，那是激情。”
>
> ——西蒙·斯涅克

你本身就是一个奇迹。为了你的诞生，你的父母、祖父母、曾祖父母乃至更远的祖先们，都必须相识。如果其中任何一对夫妇未曾谋面，你就不会存在了，取代你的可能是表弟佩德罗或堂妹胡安娜。因此，你是独一无二的存在。人世的使命只有你自己能完成，不过，这个使命不必像甘地或者特蕾莎修女的使命那样宏伟。教育子女，创造就业，激励同胞，提高环保意识，这些都是同样美好的目标。你只需要找到自己的日标。

先问问自己对什么充满热情，什么事让你做起来感觉时光飞逝？如果我们做自己不喜欢的事，会感受到疲惫、压力、麻木甚至焦虑。

你不是真的累了，而是缺乏动力

卡门是一位拉丁裔妇女，和许多移民一样，为了让孩子们过上更好的生活，大约七年前从哥伦比亚移居到美国。她每天在办公室负责清洁工作，早上 6 点就从公寓出发，乘坐公交准时到达工作岗位。晚上，卡门还在一家餐馆兼职打工，通常要到半夜才能到家。短暂休息几个小时后，又要开始新一天的工作。

周末，她还要为一个六口之家做清洁工、厨师和保姆。她没有休息日，常常是忙完一天的工作后带着一身疲惫和伤痛回家。

自从来到佛罗里达，她养成了每周买彩票的习惯，希望能碰碰运气。

一个周六，她凌晨 2 点才到家，因为雇主举办派对，雇她来照看孩子直到凌晨 1 点。卡门精疲力竭地打开家门，连走到床边的力气也没有，只能躺在小公寓的沙发上休息。她甚至无力脱下紧身牛仔裤，只是脱掉鞋子，瘫在沙发上，用仅剩的一点力气拿出手机和钱包里的彩票。她像往常一样登录网站查看开奖号码，简直不敢相信自己的眼睛，卡门反复核对彩票和手机上的信息，最终确信自己赢得了 2000 万美元。就在几分钟前还精疲力竭、浑身酸痛的卡门，此刻却像闪电一样从沙发上跳起来，欢呼雀跃。

她立刻给在哥伦比亚的家人打电话，毫不在乎电话费有多贵。然后又去敲隔壁公寓的门，邀请两位朋友来分享这个好消息。她们点了外卖，放上音乐，整晚欢笑庆祝。

这是怎么回事？几分钟前卡门连上床睡觉的力气都没有，怎么突然间能跳起来，和朋友们跳舞，通宵庆祝呢？这就和那些小伙子一样，踢完足球回来，说自己累得连衣服都不想换。但几分钟后，如果他的女朋友打电话请他去家里帮忙，你就会发现那个男孩——没错，就是那个连衣服都不想换的小伙子，会立刻从床上跳起来，步行走过二十个街区去见女朋友。

> 当你觉得自己疲惫不堪时，实际上往往是因为缺乏动力。事实证明，只要有足够的动力，即使身体疼痛或疲惫，人也能站起来奔跑，加倍努力，奋斗付出。
>
> 是什么在激励着你？如何改变那些你“不得不”做的事情，使它们成为你“想要”做的事？

所以，下次当你感到疲倦时，想想能从中找到什么激励自己的东西？怎么能让这件事变得比你现在看到的更有意义？记得吗，我建议你把“我必须得做”换成“我有机会做”。

我不是“必须得”照顾我的孩子，而是“有机会”照顾他们并与他们共度时光，多少人渴望能享受这种奢侈的美好？找到你的动力所在！赋予你所做的事情更深刻的意义，你会发现这种动力会让你即使在不想起床的时候也能起来，也能坚持下去。

所以，我也不是“必须得”支付账单或记账，而是我“有机会”这样做，多少人希望自己有这样的经济能力去消费或理财啊？

在马克·阿尔比恩的《创造生活，创造生计》一书中，他提到记者斯鲁利·布洛特尼克对 1960 年至 1989 年间 1500 名商学院毕业生进行的一项研究。这些毕业生被分为两组：一组是那些首先想赚钱的人，另一组是首先想做自己热爱的事的人。

希望先赚到钱的 A 组，认为一旦有钱就可以做自己热爱的事。这一组总共有 1245 人，占总数的 83%。

B 组的人则表示他们首先想做自己热爱的事情，希望最终能通过它赚到钱。这一组有 255 人，占总数的 17%，他们被称为“冒险者”。

二十年后，在这 1500 名参与者中，有 101 位成为百万富翁。令人震惊的是，在 A 组中，只有一位百万富翁，不到 1%。

更令人震惊的是，B 组中，有 100 人成为百万富翁，占比近 40%。这真是出乎意料。

几年前，我读了大卫·戈金斯写的《我，刀枪不入》一书。戈金斯是世界公认的硬汉，曾一度打破连续完成引体向上次数最多的世界纪录。他是一名美国退役军人，书中描述了他饱受虐待的童年，以及他为了成为美国精锐部队——海豹突击队成员而付出的近乎非人的努力。

在书中，他提到成为一名海豹突击队队员的艰难之路。候选人必须通过一项名为“地狱周”的考验，这是一项极其艰苦的军事训练，有些士兵甚至为此丧命，未能通过“地狱周”的候选人将失去加入海豹突击队的机会。书中提到，唯一能再次尝试的方法是因医疗原因退出，而且最多也只有三次机会。戈金斯尝试了三次，前两次因伤退出，所以第三次他不能失败，任何原因的失败都意味着他将与海豹突击队无缘。在经历各种严酷的训练后，戈金斯的双腿都骨折了。第三次，他做出了一个看似疯狂的决定：用胶带固定受伤的双腿，穿上靴子，每天坚持跑步，只为成为这个精英团队的一分子。

戈金斯的理念是，当你感到疲倦时，其实只发挥了 40% 的能量，这意味着你还有 60% 的能量可以通过坚持不懈、鼓励的话语、激发专注力和身体机能等方法来挖掘。这就像卡门——那位中了彩票大奖的女士一样，突然间找到巨大的动力，能忘记所有的疲惫和痛苦。我们可以控制这种反应，只要我们有意愿，就能随时做到。

我们往往知道自己想要什么，遗憾的是，很少停下来深入思考为什么要这样做。博恩·崔西在《没有借口》一书中指出，目标背后的理由越多（“为什么做”），实现目标的可能性就越大。

这是有道理的。当你被强大的理由所激励时，你就有可能在原以为能量耗尽的时候找到新的力量。记住，你不是真的累了，只是缺乏动力。我们见过许多例子，有的父母为了孩子，能做出令人难以置信的壮举，这种对孩子的爱就是一种强大的理由。

你可能也见过，有些女人说自己没有毅力戒烟。但当她怀孕时，突然间，对宝宝的爱成为新的强大理由，帮助她找到了戒烟的毅力。

有一次，在从巴拿马飞往迈阿密的航班上，我有幸与墨西哥著名歌手埃马纽埃尔邻座。我们轻松愉快地聊了一会儿天，我问他是否一直知道自己想成为歌手。他的回答令人印象深刻："我不想成为歌手，我只是想唱歌，这是两码事。"真是妙极了！他的话非常有道理。许多人是为了当歌手而唱歌，是因为渴望名利和关注，但他们并不真正热爱歌唱。正如马克·阿尔比恩的研究显示，101 位百万富翁中，那 100 位之所以成功，是因为他们热爱自己的事业。埃马纽埃尔的梦想不是成为一位著名歌手，而是唱歌本身，那是他的激情所在。

激情是成功和幸福的关键。为什么？因为如果你实现目标的理由，对你来说不够重要，不够鼓舞人心，你就不太可能投入额外的时间去实现它，或者很快就会感到疲倦。相反，当你热爱自己所做的事情，当你日夜都想着这件事，你的热爱会让你

> 让我问你一个问题：什么事你做起来游刃有余，甚至感觉不到时间流逝？
>
> 关键在于，你需要找到自己的激情所在，明确自己在人生中想要实现的目标，以及为什么要实现这个目标。这样的认识会给你带来超乎想象的能量。

觉得工作起来时间过得飞快，甚至不觉得是在工作，你就更有可能成功。

我在生活中学到的最重要的事情之一，就是每个人都应该找到自己的激情所在，找到自己真正热爱的事。因为想要成功，你就要付出额外的努力，要在别人休息或娱乐时继续工作。

要点回顾

◎ 拥有明确的人生目标会让你脱颖而出，因为当你投身于自己喜爱且为之振奋的事情时，工作就不再是负担，你会乐在其中，精益求精。

◎ 你也可以将日常任务转变为你喜欢的活动。当你不再把它们视为负担（觉得“我必须得做……”），而是视为一种特权（“我有机会做……”），你的态度和行为就会发生积极转变。

◎ 当你感到疲倦时，请记住，你的内心深处始终蕴藏着力量。如果此刻有人告诉你你中了彩票，你会发现有一股力量能让你跳起来庆祝。因此，在心中寻找一个跳起来的理由，一个让你振奋的理由，你会发现能量随之涌现。

第 12 章

“情绪稳定”三角形

“你的注意力所在，便是你获得成长的地方。你的思维所及，便是你能够拓展的领域。你在脑海中反复琢磨的，最终将成为你的命运。”

——罗宾·夏玛

自 2000 年起，我一直潜心研究情绪和思维管理。我阅读了大量书籍，参加了许多研讨会，获得了专业认证，与行业专业人员进行深入交流，研究并应用了多种技巧和方法，以应对相关课题。

这些研究不仅帮助我克服了恐慌发作，还治愈了我的幽闭恐惧症、抑郁症和疑病症。此外，我还学会了如何正确地进行情绪自我调节。

深入学习和实践之后，我得出了一个结论：归根结底，正是这三个因素决定了我们 95% 的感受。

我称之为“情绪稳定三角形”：语言、注意力焦点和身体状态。

语言

正如我们在本书开篇所说的，与我们交谈最多的人其实是我们自己。平时用来描述生活事件的语言，决定了我们的感受，我们与他人的关系，我们的能量水平以及我们的健康状况。如果我从早上起床开始就使用极端负面的词汇，我就会感到很不舒服。比如，“真倒霉！”“太可怕了！”“太生气了！”“累死了！”这样的表达和词汇带有强烈的负面情绪，会在体内引发化学反应，刺激肾上腺素和皮质醇的分泌，让人感到身体不适，而且很可能让你觉得所面临的情况比实际情况更严重、更消极。

让我们举例说明，如何将带有强烈负面情绪的短语或词汇替换为中性或积极的表达。当你尝试这些新的说法时，观察一下你的感受是否有所改变。

消极	积极
我很疲惫	我正在充电以便恢复活力
我很孤独	我接受爱
我被困住了	我受到保护
他很讨厌	他受过伤才会伤人
我更年期了	我正经历人生新的“季节”

我恨他	他影响不到我
我讨厌沙拉	我选择了吃沙拉
他不爱我	这是他的损失
他很固执	他坚持己见
他沉默寡言	他善于分析
我失败了	我吸取了教训
我有缺点	我有机会改进自己
问题	挑战、机会、形势
我受到了批评	我收到了反馈
衰老	青春的积淀
生病	康复中
争吵	激情辩论
奇怪	真实
麻木	坚强

接下来，列出你常用的消极短语，并思考如何将它们转换为积极的表达。

消极	**积极**

正如我之前提到的，将“我必须得做”转变为“我有机会做”，这一转变对我帮助很大。

你会发现，当你说“我必须得做”时，你的大脑会把这件事解读为一种被迫的行为，而大脑是按照你的想法去运转的。例如，当你说“我必须得工作”时，大脑会理解为你是被迫在工作，从而让你心不在焉，昏昏欲睡，或者想尽办法让你逃避这项工作。

相反，如果你说“我有机会工作，想想有多少人想找工作却找不到机会”，你就会把情况积极化，大脑就会理解工作是你愿意做的，是你感激的事情，是你自己的选择。

我还在电视台工作时，曾制作了一个名为“24 小时系列”的真人秀节目。节目的理念是让参与者在 24 小时内体验与日常生活截然不同的经历，以激发深层次的思考。在其中一集里，我们制作了“贫困 24 小时”的特别节目，我们将两名大学生带到一个生活在城市垃圾场中的极端贫困家庭，让他们在遍地垃圾，充满恶臭，甚至停留着食腐鸟等极端恶劣的环境中生活 24 小时。

这期节目不仅对那两位愿意体验的年轻人产生了巨大影响，也对我们所有工作人员和观众产生了触动。

当我回到家后，我意识到自己在日常生活、家务琐事中的抱怨，而实际上，能做这些事是我的特权，我的荣幸。“我必须得洗碗”变成了“我有机会洗碗，这意味着我家里有水有食物。”“我必须得开车”变成了“我有机会开车”，这意味着“我有车，有工作，有收入，有一定的教育背景来维持生活。”这个节目改变了我的生活。看到人们为了生存，与动物争夺腐烂的食物，让我获得了宝贵的视角重新审视我的生活。我们是多么容易抱怨！我们总是将自己享有的特权视为负担或折磨，这也是为什么我在前面的章节中，建议大家去医院、监狱等地做志愿服务。当你去那些地方帮助他人时，无论你去哪里，最终受益的毫无疑问都是你自己。

你的大脑有两个重要的任务：远离痛苦和追求快乐。当我告诉自己：“我必须工作，但我很想躺在沙发上看电视”，我实际上是在告诉我的大脑，工作意味着痛苦，而沙发意味着快乐。

当你对自己说：“我必须得吃这难吃的沙拉来减肥，但想到汉堡就让我流口水”，你认为你能坚持多久健康饮食呢？你的大脑会试图让你远离沙拉（因为你告诉它吃沙拉是痛苦的），并引导你去吃汉堡（因为你告诉它那才是你真正想吃的）。

试着这样表达：“我热爱我的工作，我选择工作，因为我对工作充满热情”“我选择吃沙拉。虽然我喜欢汉堡，但我更爱健康的身体，吃沙拉会让我感觉良好。”这样，你的大脑会逐渐改变对快乐和痛苦的认识，并支持你做出更明智的选择，实现你渴望的成功、健康和幸福。

多年来我经常出差，有时几乎一年都在不同的国家演讲，为企业客户提供高效的团队辅导。常常有人对我说：“真可怜，你一直工作，一定累坏了。”

实际上并非如此。我每天都有机会做我热爱的事情，我选择这样做，这是我的荣幸，这份殊荣带给我的能量无法用言语表达。抱怨很容易：“是啊，你不知道，没完没了地坐飞机、住酒店有多辛苦！”但事实是，我热爱我的工作，我选择了这份工作，我享受其中的每一份馈赠和特权。

我相信你已经理解了这个观点，在本章结束时，你一定能够将一些“我必须得做”的句子换成“我有机会做”“我想做”“我选择做”甚至“我很高兴，因为我会做……”

如果你发现自己很难改变语言习惯，或者深陷负面思维的漩涡而不自知，记得在手腕上套一根橡皮筋，用来提醒自己将消极的话语转变为积极的信号。你还可以在手机上设置一个每天响四次的闹钟，以达到同样的提醒效果。每次闹钟响起时，暂停一下，分析你的思绪集中在何处。

最后，关于语言要提醒你的是：提防那些流传下来的俗语或口头语，那些文化中根深蒂固的表达。我们可能会不自觉地使用这些表达方式，从而限制自己的信念，阻碍我们的潜力释放。

以下是一些需要避免的谚语或口头语。

» 江山易改，本性难移。

» 心有余而力不足。

» 水深火热。

» 三岁看大，七岁看老。

» 天下没有免费的午餐。

» 打江山易，守江山难。

» 心如刀割。

» 鞋匠的儿子没鞋穿。

» 怕什么来什么。

» 我快要死了。

» 我要爆炸了。

» 我快要爆发了。

» 我的世界崩溃了。

» 不怕一万，就怕万一。

在这里写下你常用的带有负面情绪的比喻或口头语。

____

____

____

____

今天就下决心不再说这些话，时刻保持警惕，因为这些话可能在不经意间脱口而出，而我们也会不自觉地相信它们。

注意力焦点

> 如果你不改变有问题的说话方式，生活中的难题将依旧如故。

情绪稳定三角形的第二面是注意力焦点。从前我对阅读并不感兴趣，拿起书就会感到困倦或无聊。后来，我决定把个人发展领域相关的阅读融入我的生活，我开始每天读五页书。我立下决心，不完成每天的阅读目标绝不睡觉。如今我每天能读半小时甚至几小时，这极大地丰富了我的生活。

令人惊叹的是，当你专注于某个领域时，这个领域就会得到加强和发展，无论是你的身体健康、财务状况、人际关系、精神层面、个人成长还是其他任何方面。你的精力和注意力投入到哪里，哪里就会得到提升。

假设你和一个同事受邀参加一场婚礼，这不是一场普通的婚礼，而是你所在城市的一场盛宴。婚礼上有国际知名艺术家出席，举办地也独一无二，所有来宾都对这场婚礼充满了期待。你的其他同事因为没有被邀请而感到沮丧，都期待着周一上班能听到你俩讲述婚礼的场景。

> 你的生活就是一场盛大的宴会。通常，你的目光会聚焦何处？
>
> 是聚焦于你心存感激的一切，还是只盯着白纸上的小污点？

周一，你第一个到达办公室，拿出手机，因为你是一个积极乐观的人，你开始向大家展示婚礼的照片：跳舞的宾客，幸福的新人，到场的国际艺术家，美味的食物等聚会细节。所有的同事都被你手机上的照片吸引了。半小时后，另一位参加婚礼的同事来了，她性格有些消极，也开始展示她手机上的照片。她告诉大家婚礼办得非常糟糕，展示的照片上是一个醉汉把桌子弄得一团糟的样子。之后，她还给同事们看了一对情侣吵架的视频，并抱怨她的座位离音响太近，音乐吵得她无法与其他客人交谈。难以置信吧？这是同一场婚礼，但两个人的镜头聚焦在不同的事物上，体验也截然不同。

那么，在对待你所爱的人和你身边的人时，你是更关注他们的优点和长处，还是更关注他们需要改进的地方？

改变你的关注焦点，会对你的幸福产生深远影响。但要清楚，持有消极、负面的想法和消极地思考是两回事。当我患有焦虑症时，整天都在消极地思考，害怕许多事情，因此我错过了很多美好的经历。我害怕大海，害怕电梯，担心亲人出事，恐惧无处不在，所以这不仅仅是负面想法的问题了，而是我总是处于恐惧之中，因为我总是消极地思考。

我和家人住在佛罗里达的一个小岛上，周围环绕着美丽的海滩。最近，我一个人去浮潜，那段时间海滩附近出现过鳄鱼。下车后，我想："要是遇到鳄鱼怎么办？"这是一个负面的想法，而不是消极地思考。区别是什么？就是关注焦点。负面想法出现在我的脑海——鳄鱼出没，但我没有深陷其中，转而想到概率问题：我没听说过有人在这里被鳄鱼袭击过，我也不会是第一个，然后我就在大海里享受了美好的浮潜时光。

我们都会有消极、负面的想法。消极地思考是指你不断纠结于这些负面的想法，滋养它们，关注它们，让它们变得更加强烈。而且因为专注于这些基于幻想而产生、发生概率极低的不必要的恐惧，你错过了生活中的许多美好。

世界上最赚钱的活动你可能想象不到，是思考。对，就是思考。大家要从"自动驾驶模式"中摆脱出来，思考解决方案，思考更好的创意、更高效的工作方法，更轻松、更快速、更有效的解决途径。

你是否想过，像黑莓手机、柯达胶卷或百视达[①]这样的公司为什么会衰落？就是因为他们停止了创新，停止了思考！

想象自己正坐在一辆以每小时300公里的速度飞驰的赛车中，却突然失去了对车辆的控制。你知道，一旦撞上墙壁，后果不堪设想。如果你一直盯着墙看，那么撞上去只是时间问题。

何不将视线转向赛道呢？寻找那个可以让你重获控制的关键点，把所有精力集中在引导赛车回到正轨上。

---

① Blockbuster，美国家庭影视娱乐供应商，最初出租录像带，后来发展到了流媒体、随选视讯和影院等行业。——译者注

面对挑战时，我们常常会不自觉地专注于挑战本身，而非寻找解决方案。我们紧紧地盯着问题，就像赛车手紧盯着将要撞上的墙壁一样，随之而来的痛苦和焦虑，会让人产生隧道幻觉——看不到任何出路。

赛车只是个例子，我想请你通过一个被我称为“一级方程式”的练习，将注意力集中于解决方案。

这个练习是这样的：记录下让你感到压力的事件或情况，不要只是盯着这件事，仿佛它是你即将撞上的墙壁，而是把注意力集中在可能的解决方案、可吸收的教训和可能隐藏的机会上。为此，你需要回答以下这些启发性问题。

（1）谁能为我提供更明智的建议？

（2）我需要读哪本书来获得指导？

（3）我应该在网上搜索哪些关键词？

（4）网上有哪些视频能帮助我找到解决方案？

（5）我需要停止哪些行为？

（6）我需要开始采取哪些行动？

（7）哪些资源可以帮助我选出最佳解决方案？

（8）我缺少哪些资源，如何才能更好地获取这些资源？

（9）这个挑战带来了哪些隐藏的机会？

（10）最快的解决问题的方法是什么？

（11）我应该咨询哪位专家？

准备好了吗？这是个很好的练习，建议你在感到压力或面对挑战时随时进行。

请写下给你带来压力的情况。

参考我刚刚提供的类似问题，列出二十个可能的解决方案。

从这二十个解决方案中，选择一个立即执行，并记录下来。

身体状态

情绪稳定三角形的第三面也是它的基础——身体状态。我们对待自己身体的方式，很大程度上决定了我们的感受。

想象一下，一个情绪低落或悲伤的人，他们的身体状态通常是怎样的？往往双臂紧贴身体，肩膀下沉，眼神低垂，语调缓慢而微弱。

现在，再想象一个非常幸福的人，他们的身体状态又是怎样的？他们会昂首挺胸，面带微笑，双臂放松，声音中透露着愉悦。你很少会看到一个幸福快乐、兴奋激动的人低着脑袋，双臂交叉，眉头紧锁，对吧？

你知道吗，大脑无法区分这些行为的差别！这是个好消息，意味着即使你感到悲伤，但如果你听音乐、微笑、跳舞，你的大脑会说，“等等，我们这会儿很快乐”，并随之改变你身体的化学反应。根据你向大脑发出的信号，你的身体要么会分泌让你感到不适、生病、抑郁的化学物质和激素，要么会分泌出让你开心、充满活力的物质，还记得之前说的“毒药水”和“快乐水”吗？

艾米·卡迪[1]在她的TED演讲中提到了一项研究。她对不同的人进行唾液测试，然后要求他们摆个“有力的姿势”，坚持两分钟，就像超人或神奇女侠那样站立，双臂张开，双手叉腰或者做V字伸展。卡迪发现，摆出这种姿势两分钟后，参与者的皮质醇（压力荷尔蒙）下降了25%，而促进行动的睾酮水平提高了20%。

美国著名励志演说家托尼·罗宾斯教导我们，运动可以创造情感。如果你充满活力和热情地去运动，你就会感到有动力，感到快乐。

我已经多次验证了这个说法。在演讲前或感到疲倦时，我会放一些激励我的歌曲，比如艾莉西亚·凯斯的《势不可挡的女孩（*Girl on Fire*）》，或塞丽娅·克鲁斯的《生活是场狂欢（*La Vida es un Carnaval*）》，跳跳舞，唱唱歌，很快我就会感到精力充沛，动力十足。

所以，当你感到压力、愤怒或悲伤时，记住情绪稳定三角形的力量。

（1）语言。审视自己与自己的对话方式，以及如何解读你生活中的事件。

（2）注意力焦点。问问自己，你的“镜头”对准了哪里？你是关注自己缺少什么，没有什么，出了什么问题，还是心存感激，关注生活中的美好？简而言之，你是关注问题本身还是关注解决方案？

① 艾米·卡迪（Amy Cuddy），哈佛大学商学院心理学教授。——译者注

（3）身体状态。微笑、跳舞、张开双臂。摆个有力的姿势，保持两分钟，同时积极思考，面带微笑。

> 如果你把注意力集中在情绪稳定三角形（语言、注意力焦点、身体状态），不出三分钟，你的压力就会显著减轻，你会感觉更轻松，准备好迎接精彩的一天。

要点回顾

◎ 经过二十余年对情绪形成机制的深入研究，并结合所学知识，我发现，托尼·罗宾斯关于情绪控制的办法最为有效：调整你的语言、注意力焦点和身体状态，我称之为情绪稳定三角形，这是有效管理情绪的关键。

◎ 语言。我们所有的自我沟通方式，无论是内心默念、大声表述还是书面文字，每一个词汇，每一种语言，都蕴含着情感的力量。我们每天必须有意识地选择积极的语言，呵护自己的身心健康。

◎ 注意力焦点。生活就像一场盛大的派对，你可以选择用手机记录下你不喜欢的场景，比如醉酒的人或地毯上的污渍，也可以把镜头对准周围美好的事物。你的选择决定了你的注意力焦点，是聚焦于美好、收获和解决方案，还是只盯着白纸上的小污点？

◎ 身体状态。情绪和身体状态之间存在着双向联系，这意味着快乐的人会笑，笑容也能带给人快乐。当你感到压力大、焦虑或悲伤时，试着改变你的身体状态，唱歌、跳舞、大笑，你会发现自己的情绪有了明显改善。

第 13 章

转变思想，改变人生

“人生的成就没有极限，你的极限只存在于你的脑海中。”

——博恩 · 崔西

想象一下，我穿越到 3000 年，为你带回一台来自未来的电脑，它只有纽扣大小，却功能强大，非常神奇。你一定会对这台电脑的技术感到震惊，问题是，我没有带回来说明书，你甚至不知道怎么开机。

其实，我们每个人来到这个世界上，都携带了一台无比先进的机器，但我们甚至连它 10% 的功能都未曾发觉，这台机器就是我们的大脑。

虽然我并不打算详细解释大脑的全部使用方法，毕竟这是你自己的人生指挥中心。但我必须再次强调一点："你所见的并非世界的真实面貌，而是你心中的世界。"

奇妙之处在于，你不是用眼睛来看世界，而是用大脑。眼睛可以感知光线和周遭环境，但决定你看到什么、忽视什么的关键，是你的大脑。你是否有过这样的经历：你买了或者决定购买一辆特定品牌的汽车，突然间你发现满大街都是这种车。这并不是因为这款车突然变得更受欢迎，有更多人购买，而是你的大脑开始让你注意到了这些车。在你买车之前或者做出购买决定之前，大脑可能会将那些不重要的信息屏蔽掉，那辆车对你来说并不重要，因此大脑让你忽视了它们。现在它很重要，所以它无处不在，这就是大脑的"过滤器"——网状激活系统选择的结果。大脑"过滤器"能够筛选信息，只让你看到大脑认为你想看到的内容。

换句话说，我们并非仅用眼睛来观察世界，而是用大脑来感知世界。眼睛通过光线捕捉大量信息，由于大脑无法处理所有信息，所以必须做出选择：哪些信息需要关注，哪些信息可以忽略。大脑的决策依据是你的信念和优先级。

如果一个人坚信世界充满腐败，人与人之间尔虞我诈，世风日下，他看到的世界将是满目疮痍。相反，如果一个人心地善良，相信人性本善，机会无处不在，生活充满美好，就会看到一个截然不同的世界。

2019 年，我的大女儿索菲娅决定买车，她看中了一个在我看来不太受欢迎的品牌。我的第一反应是问她："为什么选这辆车？几乎没人买这个牌子，将来卖掉会很难。"但是，你猜怎么着？索菲娅买车后，我几乎在每个街角都能看到这种车。毫不夸张，直到今天，它们依然随处可见。我儿子亚历杭德罗问我是否认识一个运动鞋品牌，我之前从未听说过。但他给我看了鞋子的照片后，突然间，我开始注意到许多青少年都穿着那个品牌的鞋子从我面前走过。

你是否也遇到过类似的情况：你开的那个品牌的汽车数量并没有增加，你儿子喜欢的运动鞋款式也并没有更多人穿，但你的大脑现在让你注意到这些，因为它认为这和你有关，对你很重要。

因此，积极的人能够发现生活中的每一个机会，因为这是他们大脑设置的默认程序。

在思维的探索中，核心问题始终是：你内心的主导形象是什么？

我们来深入探讨一下这个问题。大脑是一个目标驱动的系统，也就是说，它需要有目标才能高效运作。如果你心中总想着“我不够好，我不够能干，我不可能成功”等负面信息，这些想法就会成为大脑努力要达成的目标。在你的潜意识中，有一个叫做创造性潜意识的“角色”，它的任务就是让你保持理智，保持一致性，确保你的外部世界与你内心深处认为“正常”的世界相匹配。

让我们以胡安娜的故事为例。胡安娜在小学第一次公开演讲时犯了一个错误，遭到了同学们的嘲笑，老师也批评她没有好好准备。这可能看似小事一桩，但对一个小孩子来说却是一次沉重的打击。如果小胡安娜当时的情绪非常强烈，她可能会这样解读：“我不适合当众演讲，我不够聪明，我做不到。”这些负面观念就会悄然扎根在她的潜意识中。

时光荏苒，二十五年后，胡安娜已成长为一名成功的律师，她有机会在一所美国著名大学的研讨会上发言。家人都为她感到骄傲，但她却紧张异常，反复练习演讲，还聘请教练来帮助她学习呼吸技巧和演讲技巧。家人不断告诉她要放松，说她已经背得滚瓜烂熟，一定会做得很好的。

演讲前一晚，胡安娜又把演讲稿背给她丈夫听了一遍，确认演讲内容烂熟于心，她才放心入睡。终于到了期待已久的时刻，胡安娜走上讲台。在学生、教职工和家人的注视下，她感到手脚冰凉，声音颤抖。她试图与观众和丈夫对视，寻找合适的词语，但脑子里一片空白！“不可能，我练了那么久，明明记得所有内容，好想哭！”看到她如此失落，一位好心人走上讲台把她扶了下来，并向观众解释说她身体不适，会议将继续进行。胡安娜和丈夫来到后台，她哭得伤心欲绝，突然……哇！所有演讲内容如潮水般涌回她的脑海中，怎么会这样！

难道胡安娜得了什么罕见的突发性失忆症吗？显然不是！其实是因为她的创造性潜意识，那个让她保持“正常”或一致性的“角色”，把公开演讲与危险联系在了一起，触发了她内心的警报，所以她演讲时心跳加速，大脑空白，冷汗淋漓。整个身体都在告诉她：“快逃命！”尽管胡安娜在意识层面知道自己并没有生命危险，但她的创造性潜意识却在“坚守”她童年时期形成的主导形象和主导信念：“我不能在公共场合演讲”“公开演讲会让我出丑”“我必须不惜一切代价避免公开演讲”。

胡安娜出生时，没有人会对她的妈妈说：“祝贺你生了一个漂亮的小女孩，但她有个问题，就是永远不能公开演讲。”她很完美，恐惧只是大脑的一种程序反应：她的大脑对此做出了反应，却不知道这种反应对她是好是坏。

让我分享一个我自己的例子。从小，我就对金钱抱有限制性的信念。比如，我认为“钱是稀缺的，难以赚取，总是不够用”，这些信念深深植根于我心中，让我在生活中常常感到不确定。我总是处于一种感觉自己缺钱的状态中，更糟糕和危险的是，在我的创造性潜意识中，这种状态才是“正常”的。因此，为了保持我“正常”，每当我在财务上有所好转时，我的潜意识都要来搞破坏。

刚到迈阿密时，我是持的学生签证，身上没多少钱。一个叔叔给我 2000 美元的报酬，让我把公司的手册翻译成西班牙语。

2000 美元，对我来说这是一笔巨款！我兴奋地接下了这个任务，并干得非常出色。手册交付后，叔叔如约支付了报酬，我感觉自己站在了世界之巅，“太棒了！我账户里可是有 2000 美元巨款”。可是十天后，我的车出了事故。我这辈子从没撞过车，从那以后也没再撞过。你猜我修车花了多少钱？ 2000 多美元。于是我又没钱了，又回到了我“正常”的财务状况。

你可能会想：哦，拜托！玛格丽塔，这只是个巧合。也许是吧，但我对此表示怀疑。等你理解了现代心理学的一项重要发现——自我概念如何运作，一切就能说通了。

自我概念就像空调的恒温器：如果你将其设定在 25 度，当室温升高到 26 度或 27 度时，恒温器会启动空调；相反，如果室内温度过低，比如到了 20 度，恒温器就会关闭空调，直到室温恢复到设定温度。你的创造性潜意识也是这样，它就像一个恒温器，知道对你来说什么是“正常”的。无论是财务状况、体重，还是生活环境，都有它自己的“正常”标准。

因此，无论你如何努力改变外部环境，只要你没有改变内心认为“正常”的标准，大脑就会继续捣乱，造成像胡安娜搞砸演讲，或者我第一次赚到 2000 美元随后马上又赔掉那样的情况。信不信由你，但事实是，让你的大脑拥有更积极、更丰富的信念，总会帮助你过得更好，看到更多的机会，产生更好的想法，积攒更多的能量来实现你的目标。

问题是，如何做到这一点呢？

很简单，给你的潜意识树立一个“正常”水平的新形象，并让它变得坚不可摧。

你或许听说过，好莱坞明星、著名球星和成功企业家都经常谈论“可视化”“显化”的力量。想象自己想要的生活已经成为现实，就会引发所谓的认知失调，你的大脑会说，“等一下，你给我呈现的新景象与现实不符”。这种失调感会使大脑不断为你提供想法和能量，向你揭示之前未曾看到的机会，从而使你的外部世界与内心美好愿景相匹配。

关键在于，你要像已经成为一名冠军、一名成功企业家、一名体格健壮的运动员一样去行动、思考和表达。

这就是著名的吸引力法则：你的生活将吸引符合你主导思想的人或情景。这不是魔法，而是科学。尽管你的大脑有可能阻碍你或搞破坏，但你仍然需要自己努力来实现自己的目标。有些人可能会告诉你：“显化你的目标，成功就会降临。”没错，显化是有用，但也要付出实际行动。坐在家里看电视剧，想着“天上会掉馅饼”，是不可能让你美梦成真的。相反，如果你不断努力，但思想与目标不一致，那就会像拉着手刹开车，无论你如何猛踩油门，车也不会快速前进。总之，大脑会创造出它所相信的一切。所以即使你还不知道如何实现目标，也要全心全意地相信你的目标一定会实现，并每天为之努力。

新版《做自己的心理医生：从掌控情绪到掌控人生》的面世，就是吸引力法则的实践证明。我在亚马逊上出版了这本书的第一版后，许多中小型出版社找到我，希望成为我的图书分销商。然而我很清楚，我的目标是让尽可能多的读者看到这本书，从书中获益，过上更好的生活。为了实现这个目标，我需要与世界上顶尖的五大出版社合作。因此，我拒绝了好几家出版社抛出的橄榄枝。我继续专注于工作，为读者创造价值。如今，我非常高兴我的作品能由哈珀焦点——隶属美国最大的出版商、全球五大出版社之一的哈珀柯林斯出版集团出版上市。在这一切发生之前，我就坚信这一点，否则我可能会接受略逊一筹的条件，签订一些事后让我后悔的合同。

所以，我想告诉你的是：相信自己，坚定不移地相信自己。你是一个奇迹，世界上从来没有、现在没有、将来也不会有第二个你，没有人能替代你的人生使命。为什么要怀疑自己呢？全心全意地相信更好的自己，这个形象就会深深地印在你的潜意识里，你那神奇的大脑就会开始为你生成实现目标的想法，并指引你前进。

大脑的学习过程依赖于重复。小时候你可能会不断重复一些负面的内容，现在，反过来试试，说正面的话语，想象积极的画面。

我很喜欢导师博恩·崔西说过的一句话，它完美地概括了我所说的内容："不要说、不要想任何你不想实现的事。"即使是开玩笑也不可以。"我的业务能力很差""我的桃花运不好""我天生笨手笨脚，不会跳舞"，这些负面言辞很危险，因为你的潜意识正在倾听和记录，你的话语和思维会给你的潜意识编程。记住，要像你想成为的人那样说："我擅长做生意，我喜欢向导师学习，不断进步。""每天我都在变得更有耐心，我现在是一个平和的人。"

你想要什么，大脑就会帮你实现。告诉大脑怎么做，它是你与生俱来的超级工具。即便如今有了 ChatGPT 和人工智能，你的大脑依然是地球上最奇妙的创造。不要用如此先进完善的硬件去运行“盗版软件”，盗版软件里充斥着凭空臆造的破坏性言辞和想法。

这就是唯一的真理：你的内心是伟大的。你独一无二，与众不同，你可以实现任何目标。你的情绪脑可能会告诉你，事实并非如此，但事实就是如此。

我想给你布置最后一个练习。以前，当我对自己说一些负面的自我批评时，当我的内心对话调频到“悲惨电台”时，我常常会感到崩溃。我会站在镜子前开始自责：“天呐，我好胖，看起来圆滚滚的。”但现在，无论是在浴室、车里还是电梯里，每当我看到镜子前的自己，我都会说：“哇，冠军女士！你好吗？祝贺你！你聪明能干，完美无缺，健康富足，你简直无人可挡！”成为自己最好的朋友是多么美好，我在这里拥抱你，你也拥抱自己吧！

最后，我想再给你讲一个故事。

据说城里住着一位智者。有一天，一个异乡人来到这座城市，问智者：“大师，我刚搬到这里生活，这里的人怎么样？”

智者决定用另一个问题来回答他：“你以前生活的城市里住着什么样的人？”

异乡人回答说：“那里的人愤世嫉俗，充满嫉妒和恶意，价值观扭曲，性格有很多缺陷。”

智者说：“你在这里也会遇到那样的人。”

过了一段时间，另一个异乡人来到智者面前，问道：“大师，我刚搬到这里生活，这里的人怎么样？”

智者问他同样的问题：“你以前的城市里住着什么样的人？”

异乡人的回答是：“善良、勤劳，男男女女安居乐业，慷慨大方，非常友善。”

智者回答：“你在这里也会遇到这样的人。”

这就是真理！心存善念，处处逢春。如果你相信你的伴侣、兄弟是好人，就会看到他们的优点。

不要让思想主导你。设定界限，引导思想，用思想创造你想要的世界和结果，并全力以赴地坚持，你在内心创造的世界迟早会在外部世界中显现出来。

永远记住，你的外部世界只是你内心世界的反映。因此，永远不要说、不要想那些你不希望实现的内容。

你将势不可挡，因为你的内心拥有你所需要的一切！

永远记住，如果我都做到了，你也可以！